U0345748

［美］伊恩·塔特索尔　罗布·德萨勒 著 —— 乐艳娜 译

葡萄酒的
自然史

*
———————

A NATURAL HISTORY OF
WINE

重庆大学出版社

又是一年辞旧迎新之际，这在中国社群里是与自己社会关系进行互动加强了解的好机会。日前参加一个活动，遇到两位年长的学者，他们有共同留学的经历，交情甚密，所以相互交流很是随意，也就给了我们晚辈开阔眼界的机会。

席间给我留下深刻印象的话题是：一位学者指出，葡萄酒不属于科学的范畴……这岂不要毁掉了我辈的职业梦想！自己常常自诩为"靠葡萄酒混饭吃"，如果葡萄酒不属于科学，生产、酿造、推销葡萄酒的人，是不是也就会成为有意无意的骗子？

很幸运，未隔多日友人推荐过来《葡萄酒的自然史》翻译文稿，请我作序，当看完"葡萄酒之源"、"我们为什么喝酒"两个章节时，被文字传递的信息所感动，情不自禁开了一瓶葡萄酒，以平抚自己激动的情绪——人活在世并不孤独，心中的困惑不需要都自己来论证答案，读书可以帮助我们解惑。

本书作者为伊恩·塔特索尔（Ian Tattersall）和罗布·德萨勒（Rob DeSalle），前者为美国古人类学家，是学界公认的研究古人类化石的领军人物，后者为美国自然历史博物馆萨克勒研究所（Sackler Institute）昆虫部主管。两位伟大的科学家因为工作而会共同小酌两杯，偶然地说到葡萄酒时，发现葡萄酒与科学原来有很多交集，而碰撞出"关于葡萄酒，科学可以告诉我们什么？"的问题，二位作者以科学家严谨的态度梳理相关信息，用轻松明快的科普语言，辅以可爱的手绘插图，为我们呈现了引人入胜的答案。

书中的内容涵盖了我们可以想象得到的所有科学领域：如微生物学和生态学——解释了葡萄酒这种复杂的饮料是如何被酿造而成；生理学和神经生物学——解释了葡萄酒会对我们的大脑和身体产生什么影响。

两位作者学识渊博,从物理、化学、生物化学、进化和气候学,甚至进一步将话题扩大至人类学、灵长类动物学、昆虫学、新石器时代考古,乃至古典历史,来诠释葡萄酒的历史。此书既是广大读者大开眼界,了解世界的指南,也是葡萄酒业者,从全方位、多角度认识葡萄酒的学习参考。

如果你想要充分享受一杯葡萄美酒带来的愉悦,此书必不可少。

李德美

北京农学院副教授

"世界十大最有影响力葡萄酒顾问"

—— *The Drinks Business*

戊戌年立春于北京

向我们最爱的品酒师珍妮、艾琳和马修致敬

Jeanne, Erin, and Maceo

目 录 /
Contents

Wine

A Natural
History of

前　言 /
Preface

　　你现在捧读的这本书，来自一位分子生物学家和一位人类学家不同寻常的合作。我们在美国自然历史博物馆共事，一同编撰了许多有关人类主题的书，包括大脑的进化以及种族的概念。这意味着我们有很多时间在一起。写作时，灵光乍现的情况极为罕见，在我们缺少想法的时候，难免会喝大量葡萄酒以寻找灵感。一旦喝起酒来，特别是喝到好酒，我们的谈话内容自然而然地就会转向正在喝的那杯葡萄酒。葡萄酒的问题在于，它对感官的刺激特别丰富，你很难把它只当作背景。当然，也存在一些可怕的品酒会，但如果要进行比喻的话，葡萄酒绝对不是"壁花饮料"，了解葡萄酒也不应像《侍酒师》那部电影里描绘的，是一种让人感觉不适与不快的负担。它至少应该是有趣的、令人满足的，最重要的是，令人放松的体验。

　　但是，在交谈中，我们意识到，葡萄酒几乎在所有重要的科学领域中都占有一席之地——从物理和化学到分子遗传学和生物系统分类学，一直到进化学、古生物学、神经生物学、生态学、考古学、灵长类动物学和人类学。我们还意识到，对这种复杂饮品的了解——包括对它的成分、来源以及饮用后的反应——会使我们更加喜爱它。因此，这本原本来自我们关于葡萄酒多次对话的意外产物，范围远超我们当初所想。

当然，这样一本书不可能横空出世

与诸多业内专业人士及品酒师多年来的沟通，使我们获益良多。从专业的角度，我们要特别感谢帕特里克·麦克加文（Patrick McGovern），他是研究古代葡萄酒及其成分的业界权威，还有罗里·卡拉翰（Rory Callahan），保守地说他了解全世界的葡萄酒。在非专业品酒师（这只是字面意义）中，我们要特别感谢尼尔·泰森（Neil Tyson）、迈克·德祖拉提斯（Mike Dirzulaitis）和马蒂·高姆伯格（Marty Gomberg），如果没有他们的介绍，很多酒我们根本没法尝到。薇薇安·舒瓦茨（Vivan Schwartz）和珍妮·凯利（Jeanne Kelly）阅读和点评了我们的初稿，还有三位匿名的评论员也提供了有价值的建议。如果没有耶鲁大学出版社编辑简·托马森·布莱克（Jean Thomson Black）热情的支持和投入，以及在整个写作过程中萨曼莎·奥斯托维斯基（Samantha Ostrowski）的耐心和包容，这本书根本无法出版。我们还要对文字编辑苏珊·莱提（Susan Laity）表示感谢，她的修改使我们的文章更为紧凑；在视觉方面，我们由衷感谢帕特里亚·温妮（Patricia Wynne）的配图，与她合作总是十分开心。

Wine and People
葡萄酒与人类

VINOUS ROOTS

葡萄酒之源

　　瓶子上的酒标看起来很不起眼,它给出的信息是"阿列尼乡村,干红,餐酒"。在纽约的冬日清晨,说实话,我们对这瓶不起眼的、产自亚美尼亚遥远小村庄的葡萄酒的期待并不高。因此,当它在杯中跳跃,闪耀着明亮的红色,迸发出红色浆果和黑樱桃的味道,质感恰到好处地让人回味,不由使人想要再饮一口的时候,我们的惊讶可以想象。更妙的是,它的产地距离那个据说是葡萄酒起源的地方,只有一千米。

葡萄酒的自然史

要寻找世界上最古老的酒庄，要离开亚美尼亚首都埃里温，在若隐若现的阿勒山的陪伴下，向西南快速行驶两小时。蜿蜒的道路将带你穿越一些糟糕至极的地形，它们是位于小高加索山脉脚下粗糙又崎岖的火山高原的一部分。对于一位品酒师来说，这绝不是令人乐观的地形，草丛低矮枯黄，经雨水冲刷而形成的山坡向四面一直延伸到天际，要不了多久，你就会绝望地认为，这里不可能看到任何葡萄树。不过，再过一会儿，一片小小的绿洲迎面而来：果园、葡萄园和蜂箱，还有一条不知从哪里冒出来的窄窄的、跳跃的河流滋养着这一切。阿列尼就在这片孤独的村落里，周围丰富的植物将村庄里大部分建筑掩盖了起来。尽管村庄本身又小又破，但它名声在外。在亚美尼亚全国所出售的葡萄酒酒瓶上，你都可以发现这个小村庄的名字，这倒不是因为阿列尼现在仍是主要的产酒区，而是因为几个世纪前，这个小村庄生长着亚美尼亚最好的酿酒葡萄。

几乎每个到亚美尼亚喝酒的人，都会饮用一两瓶深宝石红色的阿列尼葡萄酒；如果你幸运地遇到一瓶真正的好酒，就要体会那种由坚实质感所支持的轻快芬芳，还有唇齿留香的成熟李子和深色浆果的味道，如果是最好的葡萄酒，回味中会有些许黑胡椒味，让人久久不能忘怀。即使只是一瓶普通的阿列尼，在炎热的天气里也是非常可口的，你可以将它从存放在冰箱里的罐中直接倒出，在亚美尼亚随处可见的过度繁茂的葡萄树荫下惬意享用。但是，阿列尼村庄的人了解他们的葡萄酒和葡萄，他们很可能会质疑这些葡萄在其他地区是否也能生长得那么好。毕竟，他们会告诉你，他们种植这些葡萄已经好几百年——时间那么久，以至于酿酒的那些记忆似乎已随风逝去。

最早提到大亚美尼亚产酒的楔形文字可以追溯到乌拉尔图时期，这个原亚美尼亚王国位于安纳托利亚东部的中心，繁盛于公元前 7—8 世纪。乌拉尔图是向邻国亚述出口葡萄酒的主要国家，大部分乌拉尔图城市都有重要的葡萄酒储藏设施，一些酒窖藏酒达几千升，足以证明葡萄酒的经济意义。关于该地区葡萄酒最早的文学记录出现在公元前 4 世纪初，战士色诺芬[1] 在其史诗级著作《远征记》中描述了希腊雇佣军从巴比伦的撤退。色诺芬在这本书中记录到，当他们从亚美尼亚南部一路战往黑海时，希腊军队"占领了他们的营地……在数不清的漂亮建筑中储存了许多食物和必需品，这里的葡萄酒多得被倒在了用水泥制成的水槽中"。尽管色诺芬的记录和乌拉尔图的葡萄酒罐已经很古老了，但在阿列尼，葡萄酒故事的开始还要早得多。就在村庄外面的一个山洞里，考古学家们找到了酿酒的痕迹，距今很可能已达到整整 6000 年。

离开田园牧歌般的阿列尼村庄，景色发生了极大的变化。当你将这片肥沃的山谷抛在身后时，就会进入一个狭窄的深坑，它是阿尔帕河流经一大片石灰石时冲刷而成的。在你右边的险峻悬崖下部，在奔腾的河水与来自同样陡峭峡谷的支流交汇前，出现了一个入口，通往那个闻名于考古学家的阿列尼 1 号遗址。20 世纪 60 年代，苏联的冷战策划者在寻找核袭击时可以庇护当地为数不多的民众的场所时，无意中在地图上找到了这个地方，从那时起，阿列尼 1 号就成为史前学家的研究富矿。在历史上，它为人类提供了许多便利，这使它具有了卓越的考古丰富性。这个山洞不仅空间巨大，位于山谷之上这一战略位置，而且它的拱形支柱提供了舒适的避难所，早期人类可以在这里躲避各种灾害。更重要的是，山洞内部后来为保存死者尸体及他们日常使用的东西提供了理想的条件。

你可以把车停在喧闹的阿尔帕河边参差不齐的葡萄藤架下，爬上通往山洞入口的斜坡：那是在悬崖边的一个又高又宽的裂口。当狭窄的道路逐渐变得平坦，到达洞口由沉积物形成的平台时，你会注意到一个被部分开采的区域，考古学家在那里已经发现了线

葡萄酒的自然史

索,证明人类在相当长的时间内使用了这一山洞。在器物堆的底部,试验坑里发现了原始石制工具,显示冰川时期的猎人——采集者们已经于几十万年前居住于阿列尼,远远早于我们智人的存在。无疑,这些早期的人类充分利用了当地丰富的自然资源,包括河里密集的鱼和聚集在周围山谷随季节而移居的哺乳动物群。不难想象,我们这些早期的人类亲戚们埋伏在洞外,密切注视着河谷,以捕捉接近这里的猎物。

但是现在,我们必须依赖想象。对于那些对冰川时期生活方式感兴趣的人来说,遗憾的是我们还需要花费相当长的时间才能了解阿列尼1号最早居住者的信息——这是有充分的理由的。因为这个山洞一直吸引着人类,最早的阿列尼土层被更近一些的居住者痕迹所掩埋,需要花费极大的精力来记录和移除,才能到达冰川时期层。

不过,考古学家们并不着急,因为在较新的几个土层内,他们已经发现了前所未有的重要间歇期内的生活痕迹,间歇期是指大约6000年前,新石器时代和青铜时代之间的一段时间。在这一时期,近东地区已经确定了复杂的定居生活方式,而阿列尼1号内的铜器时代居民已经开始将死人们埋在山洞幽暗的内部。

离开明亮又通风的山洞入口平台,向内迈进,自然采光逐渐被一系列微弱的灯泡照明所取代,照出漫长而曲折的通道。通道左侧是一个深坑。向右突然转弯,穿过一个天然的气闸,就会到达山洞更宽敞的深处,在那里,对地面的浅层开采已经显示出大量铜器时代居住的证据。

阿列尼1号发现中比较特殊的是,气闸后面干燥的环境完美储存了轻质有机材料,这些材料通常会快速腐烂并消失。较为难得的储藏物品包括绳子、纺织品和木质工具——甚至有一只用一张皮做成的完整的鞋。这一令人印象深刻的物品在首次被报道时引起了相当大的轰动,不仅因为它完整地被保存下来,也因为它的年代:在整个旧世界考古记录中,只有冰人奥茨穿着的鞋能在时代上与它相提并论。1991年,阿尔卑斯山冰川融化后,人们发现了铜器时代一位猎人死后自然形成的木乃伊,那就是冰人奥茨,而且,奥茨的草鞋要比阿列尼皮鞋的年代要晚上好几百年。

在阿列尼1号中同样不同寻常的,还有古代人们日常生活所留下的证据。在山洞的庇护下,他们建造了拥有耐用墙壁的居所,地板平坦且覆有灰泥,他们在火炉上烹饪食物,用黑曜石和燧石制作工具,在平坦的石头上碾碎稻谷——他们还酿制葡萄酒。事实上,阿列尼1号铜器时代的人们给我们留下了世界上最早的酒窖:这是人类社会致力于葡萄汁发酵的第一个实质证据。

2007年,考古学家们小心地移除了山洞累积的表层居住遗迹,到达一个土层,那里有又浅又平的盆地,周围隆起——是在古老山洞地面坚硬累积的泥土中刮出的。这个盆地底层略为倾斜,朝向一个深埋在旁边山洞地面的大陶罐(容量为60升)口。科学家们马上认识到这一平面是古时葡萄被踩压(很有可能是赤脚踩压)的地方。果汁自然流入明显是作为发酵工具的陶罐。山洞的阴凉和干燥为发酵过程提供了完美的环境,而且也有利于在旁边的其他酒罐中储藏葡萄酒。这一不同寻常的考古地形的目的从一开始就很明显,不仅因为它与晚些时候的酒窖颇为相似,还因为在踩压的地方布满了葡萄籽,它们来自今天人们非常喜欢的一类酿酒葡萄品种:欧亚葡萄(Vitis Vinifera)。

这个古老的酒窖是个令人兴奋的发现,尤其是压榨地面结构之复杂和发酵容器之大,令人惊诧。通常,寻找葡萄酒早期生产和消费痕迹的科学家们不得不研究那些更间接的证据,主要是储酒

葡萄酒的自然史

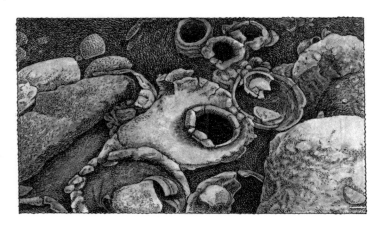

根据博里斯·加斯帕亚的照片所绘

位于阿列尼遗址的踩踏葡萄的平台，其较低一端埋于地下的
接收器口（中），以及周围的葡萄酒罐。

容器内所残留的化学成分。对这一残留的研究在考古学中有着
非常有趣的历史（最近，在威廉·莎士比亚位于埃文河畔斯特拉特福的
花园中挖掘出的伊丽莎白时期的黏土烟管中，我的同事们发现了大麻的
痕迹），但是证据有时难以解读。比如，在阿列尼1号葡萄压榨
地面发现了一些瓦罐碎片，经放射性碳检测后，可判断它们产于
6100—6000年前，碎片中含有锦葵色素残留，它是红葡萄表皮
中主要的色素成分。这个发现很有意义，但却有一点模棱两可：因
为锦葵色素也存于其他水果之中，比如石榴，它如今在阿列尼地区
也有生长。

　　由于锦葵色素的来源未必是葡萄，这类分析的顶尖专家帕特
里克·麦克加文认为，如果在酒罐残片中能找到酒石酸的痕迹，
将更有说服力。与锦葵色素不同，在近东的环境中，酒石酸是一
种基本只存在于葡萄中的化合物。但是，考虑到所有证据都支持
阿列尼1号的结构是酒窖，认为这些锦葵色素来自葡萄酒是颇为

合理的。尽管阿列尼的发现让人大感意外，找到这么古老的酒窖
却并没有多令人震惊，因为就在阿列尼被发现的几年前，麦克加文
自己在更早期的伊朗哈吉-菲拉斯-泰伯遗址（Hajji Firuz Tepe）
中的陶罐残留物里发现了酒石酸。

这个被发现的陶罐制作于 7400 —7000 年前，内有笃耨香
树树脂的痕迹。我们可以推测，加入这些树脂是为了在容器中
储存葡萄酒，这很可能使它喝起来非常类似希腊的松香葡萄酒。
使用树脂来保存葡萄酒的做法在古典时代 [2] 就有所记载，许多
专家认为，这一传统开始于更早。尽管有可能这些树脂仅仅是用
来封住没有上釉的陶罐，哈吉-菲拉斯-泰伯遗址的树脂痕迹意
味着储存于罐中的葡萄酒是特意酿制的，而非葡萄汁偶然发酵
的结果。

◆ ◆ ◆

在这里用历史角度来观察，也许是十分有用的。哈吉-菲拉斯-
泰伯遗址中约 7000 年前的泥砖房可以追溯到新石器晚期。在新
石器时期，冰川时期末期的北部冰河终于退去，近东出现了人类最
初定居的痕迹，这主要是因为动植物的驯化。在新石器时代开始
时，从解剖上看与我们一样的人类已经在地球上生存了大约 15 万
年，而现代人类的创造力至少已经在该时期的一半时间内快速发
展。在非洲，现代脑部的早期活跃行为可以追溯到 10 万年前，而
法国令人称奇的最早岩洞壁画也出现在 3 万多年前。但即使是在
拉斯科和肖维洞窟绘画的那些天才，也还是古代打猎和采集生活
方式的践行者，这种生活方式起源于更为久远的年代，它使得人
类在大陆上的数量相对稀少。因此，从经济和社会角度来说，到目
前为止，新石器时代代表了人类史前时期最重要的革新。定居村
庄——不久后定居城镇——代表着与过去的完全决裂：这是人类
与周围世界关系的最大革命。

葡萄酒的自然史

直到冰川时期末期，人类都是跟随自然的恩赐与节奏生活。但随着北部冰盖在大约 1.1 万年前急剧撤退，处于世界一些中心的人们开始基于农业而永久定居。叙利亚的阿布胡赖拉遗址能给我们特别有益的示范：它记录了从 11500—11000 年前打猎与采集向约 9000 年前驯化动植物的转变，在约 10400 年前时，打猎和采集被谷类种植所补充，而动植物种类也因为打猎和采集不断扩大。这种发展不可避免地带来了完全的定居生活，而它一旦确立，社会和技术变化的节奏就开始加速。约 8500 年前，由城墙设防的城镇开始在近东出现，而仅仅用了 3000 年，复杂分级的都市社会就已经在该地区完全确立。

哈吉-菲拉斯-泰伯遗址本身规模不大，但它无疑处于快速的经济和社会变革中；仅 1000 年后，阿列尼酒窖的出现与其南部美索不达米亚的苏美尔城市文明初期的活动处于大约同一时期。这两个遗址记录的时代都显示，陶罐的制作早已成为生活的一部分，但像阿布胡赖拉这样更早期的遗址，属于陶罐出现前的新石器时代，那时已经出现了定居的生活方式，但制陶技术还没有被发明。总而言之，我们可以相当自信地推测，哈吉-菲拉斯-泰伯遗址时代，葡萄酿酒的传统早已经确立，尽管对于葡萄酒是否是人类制作的最早发酵饮料，我们还没那么确定。

这种不确定性的原因之一是，旧世界早期被培育的植物中存在着谷物：西亚的稻谷、大麦以及中国的大米。很明显，有意识地酿造发酵饮料是紧随在谷物培育之后的；在中国，有考古证据表明，约 9000 年前在中国河南东部出现了酿造的"啤酒"（由大米、蜂蜜和包括葡萄在内的水果发酵）。在近东，新石器时代早期很可能在当地谷物的基础上进行了类似试验——当然是在陶器出现之后。事实上，科学家们偶尔还会就该地区的第一种谷物产品是啤酒还是面包进行辩论。

　　但是，也许有意义的是，采集葡萄（或其他水果），将其汁液发酵，不如谷物发酵的过程那么复杂，后者需要进行一系列麻烦的过程才能将淀粉转化为糖，才能开始发酵过程。而酿造葡萄酒比酿造啤酒要简单得多——毕竟，在没有大自然帮助的情况下也能做到这一点。在阿布胡赖拉遗址发现的葡萄种子表明，很早以前，甚至在潜在的葡萄酒酿制者能够使用陶制容器之前，近东的人们已经对葡萄树的果实产生了兴趣。同时，中国制作啤酒的年代确实非常早，这一点尽管非常有意义，但那里葡萄栽培的最早证据却出现在 2300 年前。重要的是，这一证据来自偏远的新疆，在那里，西亚的影响通过丝绸之路贸易网的先行者们已经有所渗透。在以大米为中心的汉族中国，以谷物为基础的饮品已经成为一种生活习惯，可能抵抗了来自葡萄的竞争。

　　不管东亚可能发生了什么，对葡萄生长和酿造葡萄酒起源的调查发现，这二者不断在大陆的西部边缘重合。最近的 DNA 研究结果与葡萄树最初被栽培于高加索南部的想法相符，尽管这一起源并没有得到最后的证明，但葡萄酒及其相关的仪式在西高加索社会植根颇深，超过了像法国这样的知名品酒国。到格鲁吉亚和广泛种植葡萄树的亚美尼亚旅游的人们，肯定会被葡萄酒在欢迎仪式中的重要性，以及葡萄树如何装饰每个乡村房屋的样子所打动。

　　有许多考古证据表明，葡萄种植在约 5000 年前已经广泛传播至美索不达米亚、约旦谷和埃及。即使葡萄走出高加索后的地理扩散相对迅速，它也需要花上一段时间来覆盖这样一大片区域，这使人们很容易推论出，葡萄树在高加索地区的最初栽培发生于新石器时代早期，很可能是在阿列尼 1 号酒窖出现的几千年前，或者还有可能更早。葡萄树最初被栽培——在植物栽培风靡一时的时代——是为了供应丰富的鲜食葡萄还是用于果汁发酵，这一点可以被无止境地辩论。但我们清楚的是，葡萄的这两种使用方法紧密相随。

阿列尼1号酒窖诡异的一点是，它处于许多也被当作骨灰瓮的葡萄酒罐"坟墓"中。这些被埋起来的罐子里存放着不同年龄人类的遗骸，尽管男性的遗骸被焚化，但妇女和未成年人的遗骸是被肢解的。用动物角做成的杯子也在安葬区以及周边被发现。阿列尼1号的主发掘人博里斯·加斯帕亚（Boris Gasparyan）认为，葡萄酒酿制与火化、肢解以及埋葬相关的活动有着密切的关系。如果确实如此，不同寻常的阿列尼1号遗址开启了在葬礼和其他仪式中使用发酵饮品的传统，这一传统在古代社会的稍后阶段得到了丰富的记载。

这种酒精使用的证据直接说明了人类固有的倾向，那就是给个人体验以象征性的意义，并将各种行为仪式化——特别是那些涉及心理状态改变的行为。从一开始，葡萄酒就有缓解紧张气氛的超级实用性，以及巩固相互关系和润色社会仪式这种更具象征性但同样实用的功能。几乎同样可以确定的是，葡萄酒在萨满教以及其他仪式中也有一席之地。很容易想象，早期的原始人类偶尔食用了自然发酵的水果而醉，甚至有可能的是，早期的现代猎人和采集者们在陶器发明之前——甚至是很早之前——就发明了将蜂蜜或果汁发酵的方法。但是，将这种行为转化为仪式，是现代人类所独有的，因为我们今天仍可以从宗教仪式中饮用葡萄酒，甚至是在足球流氓们周六夜晚狂欢时的表现中，看到这一点。

在格鲁吉亚共和国，一些乡村酿酒师们仍然使用被称为"qvevri"的埋于地下的大陶罐发酵葡萄汁，它们是阿列尼较小陶罐的直接继承者。葡萄酒深深植根于这一地区人们的精神之中，也许这正是我们所期待的葡萄酒起源地应该有的表现。在那里，仍然按照传统行事，宴会的主人或客人选出主持人（Tamada）来主持葡萄酒的饮用。八面玲珑和善于言辞是胜任这一角色的关键。在一系列缜密与机智的祝酒提议和回应后，宴会逐渐展开，祝酒对象范围广泛，包括国家的荣誉、在座的以及去世的朋友和亲戚。每次祝酒后，所有在场的人都必须饮尽杯中之酒，尽管理论上没有人在两次祝酒期间喝酒，但狂欢者们会因为宴会中无数的菜式而喝得晕头转向。但是想想可怜的主持人，他在宴会结束之前要喝掉那么多杯酒，却不能表现出任何醉酒的症状。现代格鲁吉亚仪式规定，传统和享乐的需求在饮用葡萄酒时并不冲突。但是，它们也提醒我们，古代世界与现代一样，喝酒通常与规则、仪式和宇宙信仰结合在一起，这也许特别表现在那些葡萄酒进口成本很高的地方。

从古代开始，葡萄酒就被当作是一种用以炫耀地位的饮品。大约公元前3150年，上埃及 [3] 前王朝时代的蝎子王一世被安葬在一个有诸多房间的墓穴中，其中三个房间从地板到天花板都堆满了罐子，里面剩下了葡萄酒的化学残留和葡萄籽，还有笃耨香松节油密封剂，我们已经从哈吉-菲拉斯-泰伯遗址充分了解了这一物质。一些罐子中加入了无花果，显然是为了改善葡萄酒的味道，或者是提供酵母或糖以协助发酵。三个房间里差不多有700个罐子，内藏将近4000升葡萄酒——足以供蝎子王在来世有个不错的开始了。这些葡萄酒被证明是从距此几百千米的地中海西岸的南黎凡特 [4] 运来的，尽管在蝎子王的葬礼仪式上，罐子可能在当地被重新密封过。

蝎子王明显是位饮酒之人，但他绝不是人们所知的唯一喜爱葡萄酒的古埃及人。在左塞尔阶梯金字塔所在地萨卡拉，一块可以追溯到公元前2550年的石刻记载，法老宫中的官员梅腾在一

葡萄酒的自然史

个有墙壁的葡萄园中酿造了"大量葡萄酒",那个葡萄园很可能位于尼罗河三角洲,由于接近地中海,温度适中。尽管古埃及人与我们的时代相隔甚远,他们有很多习俗即使现在看来也十分现代。在尼罗河三角洲出现酿酒产业后,他们快速发明了一种相当于分类系统的体系,就像几千年后法国发展出的评级和法定产区体系一样。每个葡萄酒容器上都被标上了产地、年份,甚至是酿酒师的名字。最幸运的酿酒师就是为法老酿酒的人。葡萄酒要么没有级别,要么就被分类为"真""好"和"特别好"。

埃及富人们不仅在被制成木乃伊前要用葡萄酒洗浴,还要用最好的葡萄酒陪葬,这一习俗迅速流行起来,并很快被严格地写入法律,到公元前 2200 年左右,社会精英们认为,如果不用尼罗河三角洲最著名的五个产区的葡萄酒陪葬,简直就不可

古埃及西底比斯新王国时期墓穴墙上的三幅场景

（上）克哈艾姆瓦塞特墓的丰收场景；（下）乌瑟哈特墓中的场景（都是第十九王朝）；（左）酒罐上写着："下埃及已逝的诺杰梅特女士的葡萄酒"（第十八王朝）[5]

想象。就像今天一样，当葡萄酒变成一种时尚附属品和投资工具，一些最好的葡萄酒似乎根本就不会被饮用！但是，埃及人在这方面也与他们在其他方面一样务实：如果得不到葡萄酒，或者葡萄酒太贵买不起，那么在墓穴墙上画出，甚至只是列出葡萄酒就行了。

在古埃及，葡萄酒的具体用途之一是治病。葡萄酒中的酒精使它成为溶解草药中树脂和化合物等的绝佳用品。因此，葡萄酒是让病人用药的理想介质，书面记录显示，早在公元前 1850 年，古埃及就已经开出草药与葡萄酒混合的药方，医治诸如胃病、呼吸困难、便秘、疱疹等疾病。而且，分子考古学显示，古埃及人对葡萄酒医疗介质特性的认可要比这一时间早得多。化学分析显示，约 5200 年前置于蝎子王墓穴中的一个罐中存有草药鸡尾酒，内含香油、芫荽、决明子、薄荷和鼠尾草。这一复杂的混合物很有可能是药——这不免使我们想象蝎子王到底想要什么样的来生？

尽管蝎子王的葬礼仪式无疑是精心策划的，但他并不是炫富纪录的保持者。公元前 870 年，亚述的阿淑尔纳西尔帕二世（Assurnasirpal II）在其位于底格里斯河谷北部的新首都尼姆鲁德举行了可能是历史上最盛大的狂欢。在 10 天的宴会中，大约 7 万名客人消费了近万囊酒，还有 2000 头牛，25000 只羊，几千只鸟、羚羊、鱼、蛋以及更多的东西。其他的饮料还包括上万罐啤酒，每罐可存好几升酒，容量相当于一个酒囊。具有重要意义的是，在尼姆鲁德纪念此事的浮雕上，国王并没有喝着亚述社会具有象征意义的啤酒（事实上，直到公元前 3400 年，美索不达米亚工人们的工资还经常用啤酒支付）。相反，阿淑尔纳西尔帕二世挥舞着的，是一个葡萄酒碗。

从早期开始，古希腊人就似乎从古埃及人熟练的酿酒技术和

葡萄酒的自然史

黎凡特迦南人先进的运输中获益,后者的黎巴嫩香柏船可以在地中海进行葡萄酒的长线运输。基于这种海上的专业性,他们成为第一批真正进行商业规模生产葡萄酒的人,并将这一饮料转化为所有人都可以饮用的商品。一艘古希腊商船公元前5世纪时在法国地中海海岸沉没,20世纪的水下考古学家在沉船上找到了上万个双耳陶罐,里面的葡萄酒容量相当于现在瓶型的30多万瓶。根据丰富的文字资源,我们知道希腊人已经了解,在碾压葡萄前先在垫子上晒干它们以浓缩糖分,并在早期将葡萄摘下以保持酸度。另外,他们发展了自己的饮酒礼仪:与野蛮人直接饮酒不同,希腊人先用水稀释葡萄酒,这通常发生在"会饮"的正式场合中。但掺杂到葡萄酒中的并不仅仅有水,管理葡萄酒标签的法律证明假冒行为猖獗,因为人们倾向于饮用年份更久的酒,而不同的地区会使用独特形状的双耳罐来包装其产品。现代社会正在形成:这一切都要归罪于葡萄酒。

古罗马人的文化很大程度上起源于古希腊,包括其对葡萄酒的热衷。在公元前3世纪到公元前2世纪布匿战争之后,古罗马人在地中海取得了霸权,他们发现自己处于密集葡萄酒贸易的中心,这一贸易起源于迦南和腓尼基,随后由古希腊和迦太基人发展起来。事实上,最早流传下来的拉丁文本,是约公元前160年时由老加图[6]所写的一份关于农业操作的详细手册,它明显极为倚重公元前3世纪迦太基人马戈的作品。这位早期的农业学家还提供了关于葡萄酒酿制每个阶段的建议,从培育、种植、施肥、灌溉、剪枝直到葡萄压榨和发酵。马戈原始的布匿文本已经消失;但是老加图的指导显示,葡萄酒的酿制工艺到他那个时代已经非常精细,葡萄酒本身也已经紧密融入地中海国家快速发展的经济之中。

　　最后，葡萄园极大地扩张，使得意大利半岛上实际已经停止了谷物生产，古罗马不得不依赖于其北非殖民地来获取谷物，即便如此，它还是不断增加周边地区的葡萄酒出口量，并缩减啤酒的产量。随着殖民地人口开始喜欢葡萄酒，他们开始了在当地的酿制。尽管在公元前 154 年时，阿尔卑斯山以外是不能种植葡萄的(以鼓励出口)，当地的葡萄栽培(公元前 3 世纪之前只有罗马公民才能进行)逐渐在时下被称为经典欧洲的北部葡萄种植区的地方扎根，特别是法国和德国。实际上，到公元前 1 世纪，法国葡萄酒在罗马饮酒人中已经有较高的名气。由于迦太基人的努力，西班牙那时已经拥有了相当繁荣的葡萄种植产业；当意大利的产量在公元前 2 世纪神秘下降后，伊比利亚半岛补上了这个缺口。

　　尤其是当古罗马人发现，在空酒罐中燃烧含硫蜡烛可以去除异味，因此在葡萄酒中加入二氧化硫作为防腐剂后，葡萄酒成为一种可以根据其质量来收税的耐用品。这种税大多以实物支付，这使罗马政府拥有了可分配的葡萄酒储备，借此用来巩固现有同盟，或贿赂那些对帝国边境造成威胁的"野蛮人"。比如，几个世纪以来，罗马人向高卢输送了大量葡萄酒，自公元前 500 年左右伊特鲁里亚人将葡萄酒引入后，那里一直只能小规模地生产劣质酒。进口的罗马葡萄酒被运往罗纳河口，当地的凯尔特商人发展出将它们从双耳罐转移至橡木桶中的习惯，然后运到上游交换蜂蜜和木材。由此诞生了最神圣的地区酿酒风俗之一，新的葡萄酒储存技术使罗纳河谷葡萄种植的进步锐不可当，在受到距离罗马更近的酿酒商的抵抗后，它们进入了法国内陆。

　　帝国最好的葡萄酒最终找到了进入罗马的方式，在那里，它们成为名誉和财富的象征。对于哪些是最好的酒，大家的意见似乎都一致。而获得最高赞誉的，是来自那不勒斯北部法勒恩山的葡萄酒。它们由阿米尼恩葡萄酿制，呈金黄或琥珀色，酒精

葡萄酒的自然史

含量极可能很高，因为老普林尼⁷曾这样记载，当施以火时，这些葡萄酒可能"发出光芒"。最著名的法勒恩葡萄酒产于公元前121年。它不仅在当时广获好评，并在100年后被献给了尤利乌斯·恺撒。恺撒很有可能对这款酒非常满意，因为有人在公元前39年时又大胆地把它献给了罗马皇帝卡里古拉，那时这款葡萄酒已经160岁了。

◆ ◆ ◆

在古希腊和古罗马的传统中，自由饮酒是与信仰狄俄尼索斯和巴克斯诸神相关的，他们普遍被认为是享乐主义者。但是，在这两种信仰中，葡萄酒的价值体现在其摆脱束缚的实际作用，而不像古埃及的传统那样，是阶层和精神的象征，葡萄酒在古希腊和古罗马世界里最大的象征性意义，就在于它是文明的代表。尽管葡萄酒对古罗马的重要意义主要是社会和经济的——它给古罗马殖民行为带来的副作用之一，是将饮用葡萄酒的习俗传播到周边地区，在那里，葡萄酒的饮用风俗随着新的环境而发生变化。古罗马人建立了陆上和海上运输系统，以保持帝国内部的联系，其未曾预料到的影响是，这不仅促进了葡萄酒的运输，也传播了一种模糊的宗教，后者于公元前1世纪起源于古老的酿酒区——黎凡特。

这一宗教的创始人耶稣，其生长环境充满了葡萄酒，犹太社会认为，适度饮酒是来自上帝的祝福。过度饮酒则是极不被认同的，并受到圣经传承的严厉谴责，一些教派甚至禁止饮酒。但是在大部分情况下，葡萄酒还是受到耶稣所在社会的喜爱；毕竟，诺亚从方舟上下来的第一件事就是栽种葡萄。在耶稣的时代，他的犹太家乡享有特权的普通公民每日可饮用约一升的葡萄酒；正如《约翰福音》中描述的那样，耶稣的第一个神迹就是在不幸的婚礼上将六罐水变成了美酒。在对耶稣一生的描述中，葡萄酒和葡萄树是不断出现的主题：他将自己比作葡萄树，将自己的门徒比作枝蔓，而最有意义的是，在最后的晚餐中，马太、马克和卢克都记录，耶稣给门徒们以葡萄酒，并宣称："这是用我的血所立的新约。"在逾越节晚餐[8]上提供葡萄酒绝非偶然；犹太习俗中充满了庆祝性的饮酒，而犹太的各种仪式中也包括葡萄酒。但是，根据耶稣的话，葡萄酒对于其追随者有着特别的意义，基督徒们赋予了它具体的象征性角色，即代表耶稣的血。

从一开始，教会就以葡萄酒来庆祝圣餐，那些主流人士不赞同诺斯底派[9]，因为他们在圣餐仪式中使用的是水。这一实践与已经存在的习俗相当契合，即使在经济和政治变革搅乱黎凡特地区时，也持续了下来。在公元4世纪早期，君士坦丁大帝将基督教确立为罗马帝国的官方宗教，他的动机主要是政治的（在公元4世纪的《尼西亚信经》[10]中，你根本找不到任何耶稣的教义）；尽管基督教政治的一面最终导致了教会的官僚化，圣餐仪式却并没有受影响——事实上，在罗马帝国于公元395年时分成东西罗马帝国后也是如此。在罗马和基督教的信仰和形象中，可以找到明显的延续性。耶稣和巴克斯都是由凡间女子所生的神，他们都死而复生。巴克斯甚至也和耶稣一样，曾将水变成了葡萄酒，学者们还在早期的基督神话中找到了其他巴克斯的符号。不管是象征意义还是实际饮用，葡萄酒都成为古代和新生现代社会之间的桥梁。

罗马在公元410年被西哥特人打败，以及在公元455年被汪达尔人打败后的五百年，被人们称为黑暗时代。尽管罗马城几乎消失，帝国的一些区域也仍有混乱，但许多以前的殖民经济体继续繁荣发展，或至少是得过且过。最重要的是，葡萄种植传统在已经建立的地方延续了下来。实际上，品酒是罗马影响力最为持久的方面之一，只在那些气候不适合种植葡萄的地方有所减弱。

饮酒也是许多异教组织的特征，但是葡萄酒作为耶稣的血

葡萄酒的自然史

的象征意义，在快速基督教化的欧洲传播时，最为重要。由于识字率的总体下降，修道院和其他宗教组织通常充当了历史、文化和农业知识的守护者。最初，大部分教会组织缺少资源，只能进行有限的葡萄酒酿制，用于宗教仪式，并保证修道生活的质量。但是随着时间的推移，一些修道院的葡萄变得有名起来，其葡萄园不断扩大，并出租给当地的葡萄种植者，推动了葡萄酒贸易的复兴。

这种饮酒习俗最初存在于前罗马帝国的所有地区。正如在欧洲那样，地中海地区的北非、黎凡特、波斯，甚至点缀在传说中的丝绸之路（延伸到中国的贸易路线）上的中亚绿洲都栽种了葡萄。但是在 7 世纪，随着伊斯兰教的兴起，这一长久以来建立起的模式被全面破坏。伊斯兰教起源于阿拉伯地区，后者的军队在公元 8 世纪中期占领了大部分中东和地中海地区，以及欧洲的伊比利亚半岛。伊斯兰教走到哪里，哪里的葡萄种植，或至少是酿酒，就停止了。

传说年轻的先知穆罕默德曾经参加了一场婚礼，人们在婚礼上饮酒，所有的宾客都很高兴、很快乐。离开宴席的时候，他默念对酒的祝福。但当他第二天回到这里的时候，这里已是一片狼藉，狂欢者们整晚酗酒，相互争吵打架，鲜血淋漓，于是，他把自己的祝福改成了诅咒。从此，他禁止追随者们饮酒。在他所描述的天堂里，河流里流淌着这种美妙的液体，但在人间的人们却不能随意饮酒。

关于穆罕默德禁止的到底是什么，有许多经义方面的解释，各不相同。其中一种认为，酿酒被制止，指的是禁止制作盛放它的陶器。但是，皮制酒囊仍是被允许的，人们认为，穆罕默德自己的妻子仍使用酒囊来为他制作药剂，这种药是通过把枣或葡萄干放在水中，略微发酵制成的。这种药汁的阿拉伯语名字为 *nabidh*，通常被翻译为"枣酒"。但这一翻译的准确性仍是主观的、有争议的，在伊斯兰世界，人们越来越倾向于将之解读为对酒精的全面禁止。人们对《古兰经》中这一禁令的接受程度，在不同的时间和地点有时是比较宽松的，因此在 11 世纪末，波斯诗人欧玛尔·海亚姆仍能吟诵："我常常在想，葡萄酒商们买的不如其卖出的东西一半珍贵。"但总体来说，在大部分信奉伊斯兰教的地区，葡萄酒的酿制和饮用终止了，并始终如此。

但是，如果将伊斯兰教和基督教世界分别定义为节制型和嗜酒型是不准确的。即使在今天，一些伊斯兰国家在葡萄酒及其他酒精饮料上的态度也是较为平和的，而基督教世界的态度也有着巨大的差别，葡萄酒所带来的欢愉和灾难并存，这在个人和社会层面都引起了认知失调。也许，这可以通过美国大禁酒来充分体现。

◆ ◆ ◆

在美国建国早期，托马斯·杰弗逊及其贵族同僚们就是著名的饮酒家，特别着迷于法国葡萄酒。而更为平民主义的本杰明·富兰克林写道，"葡萄酒是上帝爱我们，并希望我们快乐的永恒证据"。但是，到 19 世纪早期，特别是因为快速城市化，酒精消费和滥用现象在美国飙升，导致 1840 年左右出现了轰轰烈烈的禁酒运动。在取消了奴隶制后，许多教堂和世俗机构也开始将自己的废奴热情转移到酒这一"恶魔"上，先是游说个人节制饮酒，后来则纠缠立法者，要求实现统一禁酒。

到 19 世纪末，禁酒运动，特别是女性禁酒运动（女性和儿童通常是男性过度饮酒后的受害者）在地方层面取得了突出的成功，不仅仅是因为媒体广泛报道了像凯丽·纳辛[11]那样用斧子砍砸酒吧的"功绩"。在这些成功事例的基础上成立了反沙龙联盟，这可能是所有早期游说团体中最具组织性的一个，它直接且有效地针对立法者的投票进行游说。它植根于保守的新教，有着全国禁酒的明确目标，很快就建立了强有力的联盟，其中包括几乎是没有可能走到一起的一些人，比如女权主义者、3K 党人、世界产业工人联盟，还有约翰·D. 洛克菲勒。随着 20 世纪最开始几年的发展，联盟的议程被一系列几乎无可能发生的连锁事件向前推进。其中一个重要的成功因素是美国的酿酒业由德国移民垄断，而随着美国加入第一次世界大战，对德国的愤怒很容易被煽动；事实上，喝啤酒成为一种完全不爱国的行为。同样重要的，还有参战前引入的联邦收入纳税法，它减少了政府对酒精税收的依赖。另一个重要的原因是，禁酒的理由主要是用道德词汇来表达的，这一直是吸引美国人的因素。因此，当政治家的注意力放在其他更紧迫的问题上时，在面对特殊利益团体要求禁酒法案通过的施压时，就显得相对脆弱。1917 年底，禁止酒精生产和销售的《宪法第十八修正案》在两院轻松通过，在政府快速批准后，于 1920 年初生效。

很明显，鲜有支持这一变化的人认真思考过它的实际效果。也许人类经验唯一亘古不变的规则，就是影响总在意料之外，而在大禁酒中，这一潜在规则以复仇的方式发挥了作用。禁酒对于饮酒需求几乎没有任何影响；其主要结果就是酒价上涨，就像今天跟毒品的战争一样，把歹徒们变成了百万富翁。其他未曾预料到的经济效果包括经济活动的总体低迷，以及地方政府因为酒精税的缺失而陷入贫困。对于一项极大依赖于道德义愤的措施来说，具有讽刺意味的是，对一个仍想饮酒的民族禁酒，导致了自相矛盾的效果：人们开始蔑视法律、违背伦理。几乎所有人都成为违法者，贪腐丛生，因为许多执法者与不法分子一起从酒精生意中盈利。这种混乱的状态无以为继：《第十八修正案》于 1933

葡萄酒之源 /
葡萄酒与人类 /

年末被废除，不得不这么做的很大一部分原因，就是它导致法律
失去了人们的尊敬。

　　大禁酒及其促成的法律给了我们一个最好的例子，说明起意
良好的禁酒法走向了偏离，但这不是唯一的例子。仅在 20 世纪，
酒精饮品的销售在大部分基督教国家在不同时期被禁止，涉及
地区广泛，包括俄罗斯、法罗群岛、斯堪的纳维亚部分地区和匈
牙利，原因也都是一样的。尽管酒无疑会增加生活中的乐趣，这
一上帝的礼物却经常被滥用，导致了巨大的不幸。在这一背景下，
酒精似乎成为人类自己的一面镜子，它同时象征着文明和野蛮，
揭示了人性中最好和最坏的部分。因此，只要酒精仍能带来其矛
盾性的影响（也就是说，只要我们这一困难和复杂的物种仍然存在），
人类就将继续与葡萄酒以及其他酒精饮品有着冲突的、矛盾的和
复杂的关系。

1　苏格拉底的弟子。

2　古罗马古希腊时代。

3　上下埃及是埃及在前王朝时期，以孟菲斯为界，位于尼罗河上下游的两个各自独立的政权。上游南方地区为上埃及，下游北方地区为下埃及。

4　黎凡特是历史上一个模糊的地理名称，相当于现代所说的东地中海区。

5　第十八王朝，是古埃及新王国时期的第一个王朝，时间大致是公元前 16 世纪至公元前 13 世纪，第十九王朝时间大约为公元前 1320 —前 1200 年。

6　马尔库斯·波尔基乌斯·加图，通称为老加图或监察官加图，以与其曾孙小加图区别。他是罗马共和国时期的政治家、演说家，公元前 195 年的执政官。他也是罗马历史上第一个重要的拉丁语散文作家。

7　盖乌斯·普林尼·塞孔杜斯，常称为老普林尼或大普林尼，古罗马作家、博物学者、军人、政治家，以《自然史》一书留名后世。

8　逾越节是犹太教三大节之一，纪念上帝把以色列人从埃及的奴役中拯救出来。耶稣受难前，最后的晚餐就是与门徒共进逾越节晚餐。

9　诺斯底在古希腊语中是"知识"的意思，其教徒认为自己具有高等知识，这种知识不来自圣经，而来自某个神秘的更高层面。

10　《尼西亚信经》产生于公元 325 年的第一次尼西亚公会议，确定了圣父、圣子、圣神为三位一体的天主，地位平等。

11　美国女性禁酒运动领军人物。

本书脚注如无特别说明，均为译者注。

*

WHY WE
DRINK WINE

?

我们为什么喝酒

Chapter 02

———— ? ————

　　人类缘何饮酒?回答起来并不难,这源于从原始人类就开始的食用水果的习惯:自然发酵产生的乙醇会散发香味,吸引远古时代栖息在树上的人类祖先们去寻找那些最成熟的、糖分最多的水果。所以,当我们得到了这一瓶来自新西兰的葡萄酒时非常高兴,它价格不贵,标签正是向启发了"醉猴"假设的灵长类致敬。长相思葡萄和吼猴之间确实没有什么具体可以联系的地方,但这酒的味道是极好的,散发着青草气息,回味中有柚子的芬芳,完全符合人们对葡萄及其产地的期待。我们认为,猴子也会同意这一点的。

葡萄酒的自然史

　　书读到这里，是时候停下来，思考一下为什么人类这么喜爱葡萄酒以及其他酒精饮品。事实上，在这一喜好上，人类绝不孤独。乙醇，也就是葡萄酒里的酒精，在大自然中广泛存在。只要植物产糖，就会产生乙醇。除了蜂蜜之外，最集中的糖分来源就是水果。1亿多年前，也就是恐龙时代后期，能够开花的植物变得丰富，水果快速地出现在几乎所有植物能生长的地方。动物们开始以水果为食，其他有机体也开始占据水果作为领地来维持生命。这些有机体中较为主要的是酵母这种单细胞真菌，我们将在第五和第六章详细讨论它。酵母使水果的糖分发酵从而产生乙醇。人们认为，酵母的祖先们开始这样做，是为了遏制其他微生物与之竞争生存空间和水果果皮渗透出的糖分。因为酒精对许多生物来说是有毒的，这种解释似乎很合理。但不管怎样，酵母使糖分自然发酵成了一种普遍现象。通常来说，酵母自发产生的酒精在水果中的含量是非常低的。但这一现象的普遍性可以说明一个事实，那就是许多有机物，特别是那些以水果为食的，拥有分解小剂量酒精的能力。

　　一些生物，包括人类，饮用适量酒精似乎是有益的。比如，科学家们将果蝇置于含有低度、中度和高度乙醇含量的蒸汽中，"中度饮用者"比置于低度的那些寿命更长，产子更多。导致这一现象的原因仍不清楚，但可以确认的是，乙醇的香味是引导果蝇找到水果的重要因素之一，这意味着酒精在果蝇短暂的生命中起到重要作用——在它们生活的其他方面也是如此：受寄生虫困扰的果蝇会寻找含有乙醇的食物来为自己治病。观察到这一现象的科学家认为，酒精也许对其他生物也有类似的保护作用。即使酒精不能拯救它们的生命，至少可以使生病的果蝇精神倍增。另一批科学家们在1977年提出报告认为，失去交配机会的雄性果蝇比那些找到伴侣的果蝇们更喜欢乙醇。

在这里，重要的因素是剂量。对于果蝇来说，大量的酒精会抵消适量酒精带来的益处，产生一种被称为毒物兴奋效应的普遍现象。一些大剂量时对动物有毒的物质，在小剂量时却是有益或能为动物所适应的。毒物兴奋效应在自然界广泛存在；尽管科学家们对其如何运作仍有争议，其中一种观点认为，许多毒素在含量不高时，会激活身体里的生理修复机制，产生比仅对毒素做出反应更为广泛的影响。另一种看法认为，低浓度的毒素也许能促进身体里的抗氧化反应。不管如何，适度饮酒似乎对人有某种积极的影响，就像大量资料已经证明的那样，饮用葡萄酒能增进健康。

但是，尽管有这些奇妙的发现，在动物世界，饮酒对健康产生有益影响的范围仍是不明确的。一些哺乳动物就是喜欢酒精，这并不奇怪，因为血液中酒精浓度的上升能够提高肾上腺素的产生，这种荷尔蒙对大脑产生作用，可以缓解紧张。南部非洲某些地区的大象，就是因为大量食用一种被称为"大象树"的自然发酵的果实而知名，每次食用之后，它们都会东倒西歪。但是，正如大部分其他哺乳动物偶尔去吃些仍在树上或掉到树下的过熟的水果一样，大象们的这种喜好也是季节性的，仅在这种含酒精的水果成熟的极短时间内出现。"酗酒"绝不是它们的一贯生活状态。

更神奇的是一种马来西亚的树鼩，它有着像笔一样的尾巴。它们对我们思考人类喜爱葡萄酒的原因特别有指导意义，因为它们被认为是灵长类最亲近的亲戚，与人类同属一种动物学分类。也许在6500万年前哺乳动物时代开端时，它们并不完全与我们的祖先一样，但无论是在外表、体型，还是在生活习惯上，它们极可能非常接近。

2008年，德国研究员们发布了对马来西亚西部雨林笔尾树鼩进行生态调查的结果。他们注意到，这些体重不足50克的生

葡萄酒的自然史

物不断去食用没有树干的玻淡棕榈的大花,这种树在雨林中非常常见。一年中相当长的时间内,这些花朵分泌出花蜜,以吸引来为它们授粉的生物。不断产生的气泡以及"类啤酒"的香气,意味着这些花蜜中含有自然酵母,并在产生后立即开始发酵。花蜜中累积的酒精浓度达到3.8%,相当于美国传统出售的大部分啤酒。在研究过程中,一些哺乳动物每天晚上都来寻找这种棕榈树,包括我们的灵长类亲戚懒猴;但笔尾树鼩对于这种花蜜的热情非常高,它们有时甚至每晚花两小时狂饮。最奇特的是,这种小型生物似乎从未喝醉——相对于其体型,它们的饮用量足以导致一个体型较大的人醉倒。在树鼩的血液中可以检测到酒精浓度的上升,但是没有导致任何生理损伤——这是很幸运的,因为这些弱小的生物总是受到被吞食的威胁。它们的感观需要时刻警惕危险,反应需要非常迅速。明显,仅从饮用时间来讲,棕榈花蜜是马来西亚这一被研究区域内树鼩的重要营养来源——正如有时候对于人来说,啤酒比面包更营养。但是,如果这些小东西缺乏适当的机制来平衡酒精所带给人类那样的生理影响,它们就会陷入大麻烦。

树鼩的例子说明,至少在灵长类历史的初期,也许不仅有对发酵食品的偏好,还同时具备了可以分解酒精的机制。人类在其生理中表现出了这种灵长类遗传:据一些推算,人类肝脏消化能力的十分之一用于生产类似于酒精去氢酶这样的酶,以分解酒精。科学家们对于分配如此大的资源来进行某一专项活动十分惊奇,尽管事实上,酒精分解也是获益于乙醇和其他更常见的分子的偶然相似性。

当然,这里也存在着量的不同。一只小小的树鼩可以通过舔食棕榈树花来满足其对酒精的渴望,但对于比它身体质量大1000多倍的人类来说,这并不可行。自然产生的酒精很难满足人

在玻淡棕榈"酒吧"的笔尾树鼩

类,因此,很有可能,在人类第一次得到如何制造酒精的知识和技术之后,他们就一直致力于生产酒精饮品。

从进化的角度来说,从树鼩发展到人类当然是漫长的过程;但是我们有着更为亲近、体型更大的亲戚,它们有着与我们一样的对酒精的喜好。中美洲的吼猴比树鼩要大得多(可以重达9千克),有人观察到它们疯狂地食用星果棕呈艳丽橙色的果实。最知名的案例是,某只吼猴在巴拿马树林中表现出非凡的热情,科学家们认为它可能是喝醉了。这些怀疑很快被证实。结合观察到的已被食用的橙色果实的数量,以及从树上掉落的被它咬过的果实中的酒精含量,可以分析出它一次就饮用了相当于酒吧十杯酒分量的酒精。难怪大餐之后它东倒西歪!尽管观察它的科学家们并没有发现立即出现的负面生理影响——至少它没从树上掉下来——他们没有检查它是否有宿醉。

葡萄酒的自然史

对这只欢快吼猴的观察完全符合生物学家罗伯特·多德利（Robert Dualey）在 21 世纪初提出的"醉猴"假设，这一假设从进化的角度解释了人类对酒精的偏好。多德利指出，我们继承了祖先吃水果的习惯。几乎可以确定的是，最初的灵长类是以水果为食的，尽管人类早期的一些亲戚很快就转移到吃树叶或者植物其他非果实的部分，但那些 700 万年前左右开始向我们进化的猿类，明显仍然保留了吃水果的习惯。从水果散发的酒精"香气"，有助于拥有灵敏嗅觉的灵长类找到食物，就如这些水果吸引果蝇一样。多德利认为，早期的食果猴类和猿类因为酒精的香气而被成熟的果实吸引。

这一假设的可信度因为 2004 年的一个研究结果而有所提高，那就是水果中酒精的含量比水果的颜色更能体现其含糖量的多少。更重要的是，一旦开始食用发酵的水果，食用者就会觉得更有活力：与其他令人上瘾的东西相比不太一样的是，酒精的卡路里其实很高。它的卡路里含量几乎是碳水化合物的两倍，全世界的啤酒肚都可以证明这一点（如果没有啤酒，我们就会称它们为葡萄酒肚）。所以，各种环境因素使我们饥饿的食果祖先们受到酒精的吸引，而这一喜好一直延续到今天。

"进化宿醉"的假设确实听起来不错，但将它运用到人类身上却有些困难。我们非洲祖先进化中一个特别之处在于，当几百万年前他们开始向森林外探索，走进林地和草原时，他们极大地改变了自己的饮食结构。今天，那些游走于相对开阔地区的黑猩猩们，基本忽略了潜在的食物新来源，维持主要由水果和树叶构成的饮食结构，这是它们所熟悉的森林资源。相比之下，我们的猿类祖先最终成为杂食动物，减少了水果的摄入量，在饮食结构中增加了如球茎、块根和动物蛋白这类食物。因此，我们祖先与森林的分离，放弃了将水果作为其饮食结构的主要支柱。另外，与巴拿马吼猴形成鲜明对比的是，即使是在森林中，许多猴类和猿类也主动避免食用那些酒精含量最高的、过度成熟的水果。因此，不能得出更高级的食果灵长类动物都喜欢酒精的结论。一些动物是这样，它们不仅享受酒精带给它们的关于水果质量的珍贵信息，也明显喜欢酒精对它们的行为所造成的影响。

从人类的角度来说，我们继承下来食用水果的习性的最大意义在于，不管他们是否有意识地摄入，我们的祖先不可避免地在其饮食结构中保持了低酒精浓度的存在。这种祖先保留下来的对酒精的接触——如果是隐性的——也许可以部分地解释为什么现代人类拥有一定的分解酒精毒性的生理机能，尽管这里面还存在着某种幸运的分子巧合。当然，不同的动物可以处理的酒精的限度是不同的，比如小小的树鼩就有相当高的耐受度。但人类与那只吸食蛋液就死去的刺猬也明显不同，它血液里酒精的浓度还不到纽约州法律对驾驶限制要求的一半，而分子科学家们现在认为他们已经了解了原因。很明显，现代猿类和人类最后的共同祖先的DNA发生了细微变化，那就是产生了一种酶，这在分解乙醇分子时极为有效。基于这个原因，人类比那些并没有积极寻找发酵水果的猿类更受酒精的吸引，也许就没那么令人惊奇了。但不管如何，一旦人类的基因有了这种创造性的天赋，这一不同寻常的新的基因偏好，就使我们的族群开始将发酵当作一种经济手段。

❖ ❖ ❖

自从人类定居下来，不再逐草而食，逐水而居，他们就面临着如何储存易腐食物的难题。即使拥有最好的农作技艺，任何地方也不可能在所有季节都具有生产力。而储存食物绝不是简单的事情。储藏起来的食物经过氧化和其他化学过程快速腐烂，同时也受其他害虫的掠夺，比如昆虫和啮齿动物。

葡萄酒的自然史

因此，所有定居的人类都需要有效储存食物的方法，而很可能正是因为这个原因，发酵被新石器时代的人类所广泛采用。动物学家道格拉斯·利维（Douglas Levey）指出，从人类学的角度来说，有意为之的发酵可以被视为"有控制地破坏"。大部分负责分解食物的微生物，即使在中等酒精浓度时也不能存活，因此通过控制与氧气的接触，使储存的食物有限地产生酒精，新石器时代的农民能够储藏其作物的大部分营养价值，尽管新鲜度会打折扣。

但是，从历史记录来看，发酵并不是保存食物的第一种方式。在上一次冰川期的后期，大约14000年前，居住于冰冻中欧平原上的人们已经开始在永久冻土中挖出深坑，创造出终年的"冰箱"来储存肉类。在温暖新石器时代的近东地区，这种方法明显并不可用，但是在阳光下将食物晒干，无疑是另一种储存食物的主要方法，并广泛适用。但是，发酵对于新石器时代的农民来说，显然也是一种重要的食物储存方式，所以利维才会指出，最初是因为这一原因，发酵才被采用，后来才用于生产酒精饮料。

我们的族群具有象征意义的推理能力，其成员在脑中以一种新鲜的方式消化关于自己和世界的信息。结果是非凡的。但我们终究是不完美的生物；从行为上讲，我们还是受到统计学家所说的正态分布的限制。正态分布也被称为钟形曲线，它认为大部分人在行为和生理表现上大体相似，从平均水平偏离到极端的情况越来越少。比如，幸运的是，大部分人相互之间都处于友好的理性范围内，而圣人和魔鬼都是极少的。这同样适用于从滴酒不沾到酗酒之间的范围，这也解释了为什么节制者和酗酒者都只占人群中的少数。此外，在人类之中，不健康的社会压力和有原则的信仰倾向于夸大行为倾向，正如有周六晚上的狂饮者，也有禁酒活动家一样。但是潜在的模式仍是基本固定的，匆匆一瞥自然世界就可以知道，人类并不是唯一对酒精存在适度的容忍，但偶尔也会放纵的物种。

当然，与其他物种的最大不同是，人类发明了肆意生产大量酒精的方法。这种能力加上酒精容易上瘾和缓解压力的特点，一些人无疑会过度饮用，而且这种行为也会被认为是社会恶习。实际上每个人类社会都因此产生了严格的规定，以管理酒精的消费，由于我们的族群喜欢将任何好想法都用到其非逻辑的极限，这些规则通常被迫发展成为仪式。无数的法律、习俗和禁令也许会控制酒精的生产、销售和消费。但同时，对于酒的态度在同一文化内部，甚至在一个人身上都会出现不同（人类本就有认知不统一的毛病），从认为酒是"魔鬼的药剂"，到认为它是"上帝的血液"都有。这是为什么很容易就能相信，阿列尼 1 号酒窖所生产的产品都是根据严格模式化和强制性的程序来进行生产和消费的，以及为什么从那时起，对于葡萄酒和其他含酒精饮品的矛盾态度盛行起来。

葡萄酒的自然史

WINE IS STARDUST

葡萄酒是星尘

✦

_____

葡萄和化学
Grapes And Chemistry

Chapter 03

　　葡萄酒的故事始于星尘。而关于星尘和葡萄酒的任何问题，我们只相信天体物理学家尼尔·迪格拉斯·泰森（Neil deGrasse Tyson）——我们的品酒师朋友和同事。我们请尼尔挑选一瓶有着天体物理名字和主题的葡萄酒，他很快就想到了"星光园"（Astralis），这是澳大利亚克拉伦敦山酒庄给它旗舰产品西拉的命名。这些葡萄来自那些看起来与宇宙相同年纪的藤蔓：古老、巨大、多节，就像一棵棵树，不需要任何架子。而葡萄酒本身呢？我们问尼尔。"大，"他说，"勇敢、美丽，闪耀。就像星星一样。"

葡萄酒的自然史

压榨后的葡萄如何变成酒？要解释这个过程，我们必须回溯到最初的起源——原子和分子，葡萄酒与宇宙都是由它们组成的。第一个也是最简单的原子氢，来自分布于四处的星尘，它们最终形成了星系、星星和星球。然后，其他元素开始结合，宇宙开始进化成它现在的样子。尼尔·迪格拉斯·泰森曾用他一贯口若悬河的语气宣称，我们所有人，不管是比喻意义的还是实际意义的，都是由星尘构成的。如果人是如此，那么葡萄酒亦然。

葡萄酒源自宇宙的最伟大比喻出现在几年前，当时天体物理学家本杰明·扎克曼及其同事发现，在我们太阳系所属的银河系接近中心的位置，有一块密度很大的分子云，里面含有酒精。泰森曾在《博物学》杂志上撰文欢呼它为"银河酒吧"，但对于地球上喝酒的人来说，它却有点令人失望，因为这片云里所含的水分子数量远远超过酒精分子。事实上，正如泰森指出的那样，它们总共只有 0.001 标准酒度[1]。但是在浩瀚银河里，这片星云非常巨大，如果进行充分的蒸馏，它的酒精分子可以提供"10 万的 9 次方升的200 标准酒度的烈酒"。

几乎每种文化都想出了将糖转变为酒精的方法。早期酿制啤酒和葡萄酒的人们对原子和分子、酸和碱、氢键和电子轨道一无所知。但是，他们是专业的原始化学家，控制和改进对于人类来说最简单但也最为重要的化学反应之一——将糖转化为酒精。我们的祖先通过反复的试验和失败，掌握了化学的基本内容，却并不了解在分子层面发生了什么，但今天，这些知识可以帮助饮酒者们知晓，为什么葡萄酒会发苦或发酸，为什么葡萄酒的酒精浓度很少超过 15 度，为什么葡萄酒需要这么长时间去发酵，以及为什么它们应该被小心储藏。

让我们从发酵时发生化学反应的分子领域开始，它与前面提到的银河完全不同。像氢这样的原子，以及像水和糖这样的小分子是微不足道的。如果你用来喝基安蒂的酒杯大约高 10 厘米，直径 5 厘米，重 30 克，一个典型的原子——分子的基本组成单位，为 25～200 皮米（pm）。（1 皮米为 0.000000000001 米）。因此，一个典型的原子是你酒杯的 0.0000000001 那么大，如果你将这些原子一个个叠起来，那么大约需要 1000 亿个才能达到酒杯边缘！水分子的直径为 2.5 埃（A）。（埃是另一种计量长度的单位，1 埃为 0.00000001 米）。所以，一个水分子大约是酒杯直径的 0.0000005，后者有 5000 万个分子那么宽。糖分子，是葡萄浆的主要组成部分，它的质量是 0.000000000000000000001 克的 180 倍。因此，一个水分子大约占这杯酒质量的 0.000000000000000000002。也就是说，100 万兆亿个糖分子才能达到你杯中酒的质量。发酵过程有分子反应，但是这些反应发生的规模太小，人们无法直接用肉眼察觉。仅仅是 1 克糖转化为酒精，也有上兆亿个反应在极小极小的空间里发生。

◆ ◆ ◆

了解酒精、糖和其他分子的原子结构是很重要的，因为它们的成分和形状决定了它们的性质及相互间的反应。科学家们现在已经非常了解原子，但要了解葡萄酒，我们可以将它们想象成简单的轨道结构，由一个被质子和中子环绕的原子核构成，电子则在周围飞舞。电子围绕原子核运行的轨道可能非常复杂，它们使原子的物理特性非常奇特。但在这里，我们需要注意的是，当一个稳定的原子——也就是一个拥有相同电子和质子数量的原子——失去或获得一个电子。这种失去和获得不断发生；事实上，如果它不持续发生，很可能宇宙间就没有什么比原子更复杂的东西了，而葡萄酒——以及饮酒人——也就不会存在了。电子可以随意进出原子，因为在沿轨道环绕原子核时，没有什么来保护它们

葡萄酒的自然史

不受外部力量，甚至它们自己离心力的影响。

当单一的电子加入稳定的原子，它改变了质子和电子间的平衡。就是说，电子多于质子，而原子就会变成负极（变为 -1）。相反，当单一的电子离开其轨道，就导致原子变为正极（变为 +1）。在这里，最终的统治者是宇宙，它喜欢一切处于平衡状态。当然，任何失去电子的某个原子可以捕捉新的电子，就像电子过多的原子也可以剔除掉电子一样。但是，宇宙所希望实现的稳定，是通过将两种不同极的原子结合来实现的。这种反应是更高级分子结构的流动，被称为"化学键"。失去或获得的电子被称为"离子键"，但其他形式的化学键也存在，它们在将小分子结合成为更大的也更具重要生物意义的结构时极为重要，比如 DNA 和蛋白质。

幸运的是，我们可以简化一点，因为在元素周期表上的 115 个元素中，仅有一小部分与葡萄酒相关。而在这一小部分中，也只有一些较大的分子存在于我们所饮用的葡萄酒中，因为生物合成的元素是有限的。事实上，动物只含有 6 种主要的元素：碳（C）、氢（H）、氮（N）、氧（O）、磷（P）和硫（S）。现在，大部分学生使用助记符 CHNOPS 来记忆这一信息，但更准确的应该是 OCHNPS，它是按动物体内元素含量的多少来排序的。

对于酿酒时使用的酵母来说，恰当的顺序应该是更难记住的 OCHNClPS。这是因为，尽管酵母的组成元素与动物的相似度达到 99.9%，但它还含有氯（Cl）——而且还相当充足。对于葡萄树这样的植物，情况还要更复杂一些，助记符应该是 OCHNK Si Ca Mg P S。葡萄树中的新元素是硅（Si）、钙（Ca）、镁（Mg）和钾（K）。这一系列缩写也许不那么容易记住，但却很重要，因为植物中的基础元素比动物，甚至比酵母要多。但是，人类、酵母和植物都有最开始的 4 个元素（OCHN），P 和 S 也存在于某个地方。具有重要意义的是，OCHNPS 是氨基酸的基本组成部分，而氨基酸是组成蛋白质的分子，也是组成 DNA 的基础，这一点我们到后面再讲。

为什么人类是由 OCHNPS，而非其他的 6 种原子组成？这可以用一个词来回答——进化。在星球出现生命的早期，自然选择磨炼了分子间的反应和形态。一开始，早期生命的进化可以向几个方向迈进。比如，分子是螺旋形的——可以向左或向右环绕。在下面的图中，有两个拥有相同原子结构的氨基酸分子，它们有相同数量的碳、氢、氧和氮，但它们的表现不同，因为它们一个向左，一个向右。在你的想象中让向右旋转的那个分子去接触向左旋转的那个分子。你做不到；如果你试图使向右的分子与向左的分子发生化学反应，你也会失败。大部分对地球生命较为重要的分子都是向左进化的，这只是因为早期分子的进化模式就决定了所有分子的发展趋势。组成我们的 6 种原子和酒精也是如此。

能量对于细胞来说至关重要，而产生酒精的发酵过程，是产

01 / CARBON 碳
02 / OXYGEN 氧
03 / HYDROGEN
氢

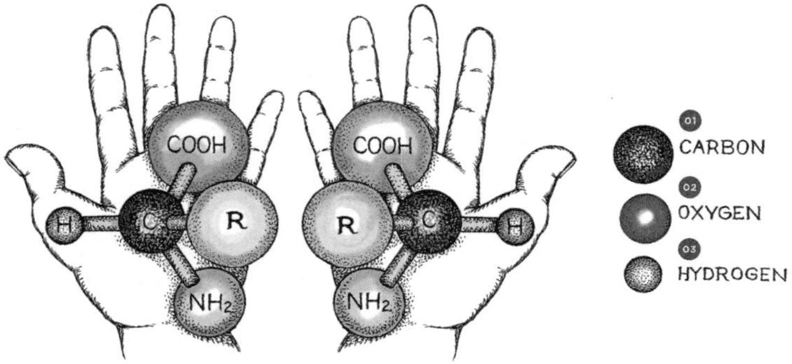

COOH   COOH
H   C R   R C   H
NH₂   NH₂

01 CARBON
02 OXYGEN
03 HYDROGEN

氨基酸的典型结构（R 代表任何 20 个氨基酸的侧基），展示了向左和向右的版本

葡萄酒的自然史

生能量的有效方法。原始细胞对能量的需求，很可能导致了发酵过程的开始。但为什么发酵会持续下去，并在这些原始细胞中最终胜出，这可能是个概率问题。简单地说，进化是熟练的修理工。如果最初的发酵过程被一个更好的机制取代，酒精也许根本不会出现。

我们所讨论的各种元素可以用许多种方式结合在一起，正是这种多样性使我们的世界如此复杂。一个分子的形态和空间方向很大程度上决定了它在不同环境下的行为。

让我们更仔细地观察这些元素中最基本的那一个：氧。它是我们星球表面最丰富的元素，所有地球生命中都存在氧，因为生命体大部分是水，而水就是氧与氢以 1:2 的比例结合而成的。另一个大气中的主要分子是二氧化碳，它是氧和碳以 2:1 的比例结合的。每个水分子由三个原子稳定构成：2 个氢原子和 1 个氧原子。这种结合并不是指正负极粒子的离子类型，而是一种电子间的"相互租赁"。

在《氧：缔造世界的分子》（*Oxygen: The Molecule That Made the World*）一书中，尼克·雷恩（Nick Lane）强调，地球上的生命依赖于两种氧参与的基本进程——呼吸作用和光合作用。要说我们星球生命的整个"秩序"都是基于这两个进程如何运营电子的，其实也不为过。光合作用是指生物吸收二氧化碳和水，并将它们转化为氧和能量，这是植物、藻类以及类似于蓝细菌这种非常小的生物所独有的。呼吸作用则维持着所有生物的生命，它是将大气中的氧转化为能量、水和二氧化碳。

化学家们喜欢列等式，要完全了解葡萄酒的构成，需要理解化学式。解读一个化学等式也许有一点像读懂罗塞塔之石，只要掌

握了一些规则，就会变得很简单。书写一个分子化学等式的方法
之一，就是简单地把分子中每个原子的符号写出来，下标它存在
的个数。所以拥有一个碳原子和二个氧原子的二氧化碳就被写作
CO_2。但是，尽管这种描述分子的方法告诉我们存在着哪些原子，
却并没有告诉我们它们是如何被排列的，或者分子的结构是什么
样的。而知道这些，对于了解分子的功能是非常关键的。要加入
空间信息，化学家们使用"棒状符号"，有点像刽子手游戏中使用
的棒状人物。每个原子向外突出一定数量的小棒。因此，氢（大部
分情况下）只有一根棒，而氧则有两根，碳有四根。从某个原子突出
的小棒数量，是由其原子数量和其电子的轨道决定的，因此，使用
"棒状符号"的话，二氧化碳就是 O=C=O。但是，我们在这里使
用的棒状图是平面的，而存在于空间中的分子是三维结构的。所
以，我们需要对上面公式中二氧化碳的书面形式与它在下图中所
表现出的自然状态（棒和球）加以区分。二氧化碳的三维结构和其
书上的平面结构是相似的。但对于许多其他分子来说，原子之间
连接的角度并没有那么清晰。这对于生物学家来说是很重要的，
因为在发酵反应的分子层面，大自然喜欢结构。不必在意是什么
组成了结构，因为从分子的外部形态就可以得到线索。所以现在，
当掌握了模型和分子等式这些工具，我们来看看葡萄中的碳原子
是如何被转化为酒精的。

　　到目前为止，似乎一切都很明显，但实际上原子间连接的角度

二氧化碳的自然结构（棒和球）

葡萄酒的自然史

并不相同，这里展示的呈一条直线的二氧化碳，并不意味着在真正的分子中，碳和氧呈 180 度的连接——这一区别明显影响了它们的结构。不同结构的分子表现不同。这是化学和生物不断出现的主题，当我们稍后在本章讨论蛋白质（拥有特定细胞功能的大分子）时，我们会看到改变蛋白质的结构，即使只是细微改变，也会改变它的表现。在极端的情况下，它会挑战产生它的生物的生存能力。

在组成葡萄酒的诸多分子中，酒精分子可能是最简单的。它们有几种，都符合下图的棒球结构，红色和浅灰色的球分别代表着氧和氢：深灰色是碳，R 就是由碳和氢组成的侧基链。在饱和状态下，中心的碳原子会与其他原子充分相连，意味着它有三条或三组侧基链。第四组从中央碳伸出的 OH 组群被称为羟功能基，它在所有类型的酒精中都存在。

*
———————

01 / CARBON 碳
02 / OXYGEN 氧
03 / HYDROGEN
氢

———————

酒精分子的棒球结构

醇类化合物中分子最小的是甲醇，它的公式为 $R^1=R^2=R^3=$ Hydrogen（H）。简单地将每个 R 视作 H，就获得了甲醇，它的化学符号为 CH_3OH。它可以通过干馏木材来获取——因此它还有一个名字叫"木醇"——获取它的方法非常简单，是粗糙干馏过程中的副产品。而使葡萄酒、啤酒以及其他酒精饮料都变得可人起来的东西，被称为乙醇，在其分子式中，$R^2=CH_3$ 和 $R^1=R^3=H$ 都与中间的 C 相连，因此其原子等式就是 C_2H_5OH。这个可爱的分子是我

们在酿造葡萄酒和啤酒时所追求的，但它与有毒的甲醇分子只有
微妙的不同。使它们不同的就是与中心碳原子相连的 CH₃ 组群。
好分子与坏分子之间这微妙的不同会带来完全不同的后果，一个
会导致重病（很可能会致盲——甲醇有毒），另一个则是使人被愉悦
地刺激。

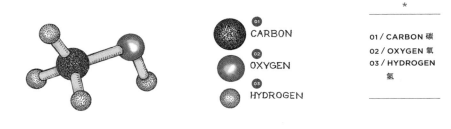

甲醇的棒球结构

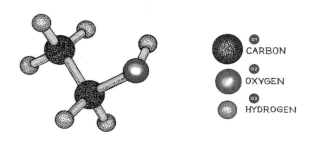

乙醇的棒球结构

　　另外两种醇类化合物也很重要，因为它们是细菌和酵母发酵
时产生的副产品。它们是丁醇和丙醇，其中一个是丙酮丁醇梭菌
在发酵中产生的分子，另一个是无害的酵母在高温下产生的分子。
这两种分子都是啤酒和葡萄酒不需要的污染物：乙醇来自糖的分
解，而甲醇、丁醇和丙醇来自纤维素的分解。

葡萄酒的自然史

我们需要的乙醇是一个简单的分子,它仅仅是由一些碳原子、氢原子和一个氧原子组成的。但这些原子的排列方式,以及它们所占据的空间,对于醇类化合物分子如何影响神经系统至关重要。简单地使乙醇减少一个 CH_3,我们差不多就得到一种可以杀人的醇类化合物。

现在让我们看看糖,这个分子在酿酒过程中十分重要。类似醇类化合物,它们有不同的形式。我们最熟悉的糖是蔗糖,也就是加入咖啡中使它变甜的东西。与其表亲麦芽糖和乳糖一样,蔗糖是一种二糖,是由两个单糖结合产生的,比如果糖和葡萄糖。(更复杂的组合被称为多糖)。基础单糖通过糖酵解化学基形成。值得注意的是,当糖酵解基在两个单糖之间形成时,水就被释放。这种基是非常强韧的,只能用水解,也就是把水再加回去的过程。

糖的分子结构是环状的,与酒精和水的线状结构不同。根据环中有多少个“点”(5或6个),一些单糖表现为五碳糖或六碳糖的形式。碳在每个分子环的角落中存在,而不同的基与它们向上或向下连接,以保持化学平衡。糖感觉很甜,这是因为环中的原子与我们舌头上的味觉感受器产生了互动。这也是为什么不同的糖给我们甜度不一的感觉,因为它们不同的分子结构

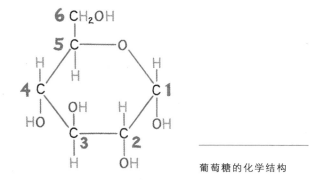

葡萄糖的化学结构

与味觉感受器产生了不同的互动。使一种六碳糖区别于其他的，是从像停车标志形状的基本结构中伸出的侧基。比如，在葡萄糖的环中：碳位于环中，侧基则可以像钟表的数字那样被列出。下图列出的葡萄糖有 6 个碳，我们可以从三点钟方向标注。注意羟组（OH 和 HO）要么向上，要么向下连接。这些 OH 组的顺序在决定其整体结构和形状的过程中很重要；最重要的是它决定分子的行为。在这个葡萄糖分子中，OH 群连接碳 1-4 的位置是下，下，上，下。

　　但是，通过翻转 2 号碳的 OH 组，使它位于环状上端，可以得到一种不同的糖，它是一种甘露糖，甜，不稳定，自然界不存在：这种情况下 OH 组从碳 1 到碳 4 的顺序为下、上、上、下。这种不同是有意义的：另一种形式的甘露糖，葡萄糖 1 号和 2 号附着的

（左）苦甘露糖的化学结构；（右）不稳定甘露糖的化学结构

OH 组群都被翻转，形成上、上、上、下结构的话，就会有一种苦味。可以推算得出，OH 组的位置一共有 16 种排序。

◆ ◆ ◆

　　给地球上的生命系统提供动力的是太阳的能量，它对于植物来说是必需的（相应的，由于动物以植物和其他食草者为食，对于这些

葡萄酒的自然史

动物来说也是必需的）。为了产生细胞所需的能量，植物捕捉光，而像葡萄这样的水果，充满从光合作用中产生的聚合糖。光合作用，是指产生于植物细胞叶绿体中的化学反应。在远古时代，植物通过吞噬细菌而获得这些细胞器。光合作用对于产生葡萄酒重要组成部分的糖分子来说，是极为重要的。

植物中进行光合作用的细胞依赖于各种小分子，其中最主要的就是叶绿素，它正是使树叶成为绿色的色素。叶绿素吸收光的效率很高，但只能吸收光谱的红色和蓝色谱段。由于叶绿素不吸收它反射的绿色光谱的光，我们看到的树叶才是绿色的（更多关于我们如何看到颜色，请参考第九章）。叶绿素分子集中于被称为类囊体膜的叶绿体区域，在那里它们吸收能量，并将之传递给其他叶绿素分子。从葡萄酒的角度来说，光合作用最重要的成就，就是在这一能量传递中产生了副产品——糖。

植物还有第二种储存叶绿素所产生的能量的方法：把电子从水这样的物质中移除。释放了的电子被用来制造二氧化碳，并转化为更大的含碳化合物，比如糖，它是能量的重要来源。这些能量来源中最重要的就是葡萄糖，通过制造连接葡萄糖分子的长链，植物可以非常有效地储存能量。这样产生的长分子链也许有不同的种类，包括淀粉和纤维素。它们并不甜，因为这两个分子都太大，难以契合我们嘴中的味觉感受器。

淀粉是由两种分子构成的。一种是直链淀粉，它是一种简单的直链分子，其中糖苷键把葡萄糖连接起来。另一种是支链淀粉，它也是线性的，但有分支。粉末状的淀粉一旦从植物细胞中移除，就成了三份支链淀粉和一份直链淀粉。相比之下，纤维素也是由糖苷链连接的葡萄糖链组成的，但集合在一起就会形成坚实的格状。纸是由纤维素组成的，纤维素也是像莴苣这样的植物的主要组成部分(我们经常被劝告要把莴苣和其他绿叶植物作为粗纤维食材加入到食谱之中,因为纤维素很难被我们的消化道分解)。重要的是,尽管纤维素和淀粉都是由葡萄糖分子长链组成的,它们的结构完全不同。葡萄既含有淀粉,也含有纤维素,因此含有大量葡萄糖和果糖。这两种糖追溯起来,都是来自葡萄树叶经光合作用产生的糖,并在糖分进入葡萄时被转化成果糖和葡萄糖。

　　植物,特别是葡萄中,糖的产生并不是自发的。含有较大分子的细胞被称为蛋白,它们就像机器一样,在细胞中从事着不同的工作。葡萄中充满了蛋白(跟所有生物体一样),而葡萄树不断生产出细胞发挥功能所必需的蛋白。同时,单细胞生物,比如酵母,也在不停生产蛋白,以维护内部的整洁,并应对环境挑战。蛋白是由被称为氨基酸的简单组件组成的,而氨基酸有一个基本的核心结构,很像上面描述过的糖。氨基酸的结构可见下图。要注意的是,氨基酸有两个末端:一个氨基末端(H_2N)和一个羟基末端(COOH)。在中间的是中心碳,从中心碳伸出的还有一个氢原子和一个被称为 R' 的化学基。R' 符号代表着一个侧基,任何一个大约由 20 个(有时更多)的化学结构组成的基都可以被放在这个位置。侧基的性质决定了氨基酸的化学、生物和物理属性。

*

01 / CARBON 碳
02 / OXYGEN 氧
03 / HYDROGEN 氢
04 / NITROGEN 氮

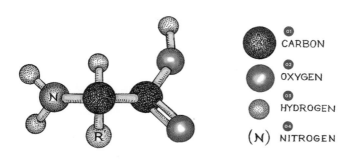

01 CARBON
02 OXYGEN
03 HYDROGEN
04 (N) NITROGEN

氨基酸的基本结构

葡萄酒的自然史

最简单的氨基酸（根据原子的数量）是甘氨酸，其中 R' 是一个简单的氢（H）。在这个位置有一个氢，使氨基酸有了极性，但它的电荷是平衡的，或者说是不带电的。如果用一个甲基群（CH_3）来替代 R'，就会产生氨基酸中的丙氨酸。它是带电的，因此它既不溶于水（抗水），也是非极性的。这一小小的变化使丙氨酸的化学表现与甘氨酸不同。最重的氨基酸是色氨酸，它的侧基中有巨大数量的碳、氢和氧原子。这一侧基对于极性和电荷影响甚微，但它内容太过丰富，极大地影响了它所形成的蛋白的形状。

与糖一样，蛋白也容易形成长链。它们只得如此，因为氨基酸末端的羟基会与另一个氨基酸末端的氨基相互吸引。这样的反应使得蛋白像项链上的珠子一样。任何曾经解开过耳机线的人都知道，一根耳机线可以折叠或缠绕成各种形状，有时会很难解开。但是，与耳机线缠绕具有偶然性所不同的是，蛋白的折叠取决于线上主要珠子的排列（氨基酸有 20 种）。蛋白链上不同氨基酸的顺序，使它们形成三维形状的方式不同，这使蛋白具有多种形状，因此也有多种功能。

科学家常把蛋白或酶比喻成分子机器。有的是单机机器，无须帮助、独立工作。另一些则像老式钟表的零件，要发挥作用，就必须有错综复杂的运行机制。与酿酒和酒精生产相关的许多分子机器独来独往，在这里添加一个磷酸盐，或在那里打破某个基群。但是，它们形成了一系列相连的反应，这种反应已经被大自然打磨了几百万年。

尽管许多植物蛋白对于产生糖、色素很重要，另一些分子对于酿酒也是至关重要，到目前为止最重要的，还是参与发酵的酵母蛋白。这一将糖转化为酒精的过程，是由两个复杂的分子机器和一个简单的化学反应所进行的三个子程序的产物。第一台机器的目标是将一种叫丙酮酸的小分子从较大的糖, 比如葡萄糖中移出。第二台机器是将丙酮酸转化为更小的被称为乙醛的分子。最后, 一个简单的化学反应是指将乙醛转化为酒精。第一台机器非常复杂, 它是一些蛋白连接在一起组成一个较大的机器, 进行糖酵解。通过糖酵解追踪特定的碳分子, 需要对所有相关的 9 个蛋白质机器及其功能有所了解, 它们主要是向产生反应的分子添加

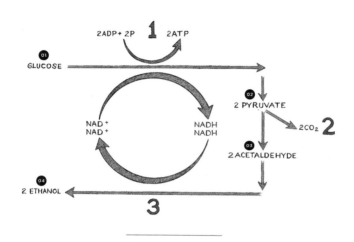

将糖转化为乙醇

*

01 / GLUCOSE
葡萄糖

02 / PYRUVATE
丙酮酸

03 / ACETALD−
EHYDE 乙醛

04 / ETHANOL
乙醇

05 / CARBON 碳

06 / OXYGEN 氧

07 / HYDROGEN
氢

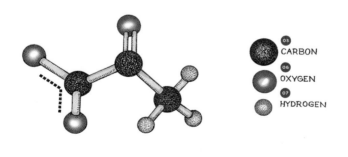

丙酮酸的棒球结构

葡萄酒的自然史

类似于磷酸盐（P）的东西，或者打破某个基群。此外，电子被另外一种叫作烟酰胺腺嘌呤二核苷酸磷酸盐-氧化酶（NADPH，它协助产生 NAD+ 和 NADH，我们在后面进行描述）的分子带动运行。本书中，我们将不详述细节，只需要了解，我们在这里谈论的机器是非常精细的，一些智能设计的支持者曾使用糖酵解来当作"不可化约的复杂性"的案例 [2]。所以，让我们快速补充，这样认识糖酵解是极具误导性的，因为糖酵解的步骤模仿的是类似于眼睛那样的进化程序——也就是说，通过一系列共同的祖先而进化的，其中存在着媒介。

丙酮酸是一个含有三个碳原子、三个氧原子和三个氢原子的小分子：棒球图中左边的虚线表示两个氧原子在顶点与碳原子相连的地方共享一个电子，这一排列使丙酮酸易受反应。在生产酒精的过程中，打破丙酮酸的机器名为脱羧酶，因为它移除了一个羧基。

机器吸收了反应活跃的丙酮酸，移走了它右边的羧基，解放了乙醛，就像其棒球结构图显示的那样。要知道，大自然是一个严格的会计，"移除"原子就必须在"移除后"的版本中添加一个氢来平衡。当远右端的羧基被氢取代后，二氧化碳（CO_2）就被释放。

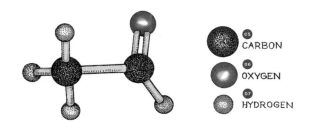

05 CARBON

06 OXYGEN

07 HYDROGEN

乙醛的棍球结构

那么，到目前为止，我们离乙醇有多远？乙醇的化学公式为 C_2H_6O（C_2H_5OH）。而乙醛分子的化学公式为 C_2H_5O，所以要得到乙醇，就必须添加一个氢原子，这很容易，因为化学家们把乙醛称为乙醇的"互变异构"（也就是说，其异构体很容易相互转化）。事实上，所有的醛与烯醇都是互变异构的，包括乙醇。因此，要成为乙醇，乙醛所要做的就是得到一个质子，它来自经典的质子捐献分子 NADPH。

对于饮酒者（wine drinkers）来说，幸运的是，酵母进化出必要的分子机器，在葡萄酒或啤酒的酿造过程中，或者烘烤师制作面包的过程中，酵母发生着各种各样的转变。酵母发酵的副产品是二氧化碳和乙醇，因此，当制作面包时，气体（CO_2）和乙醇都被释放。二氧化碳制造了面团中的气泡，使面包发起，然后它又消失在烘烤的过程中。但是，如果面包烘烤过程中还释放了乙醇，为什么面包不会让人醉呢？烘烤面包所需的高温使大部分乙醇蒸发了。但是，据测算，新鲜烤出的面包酒精含量约为 0.04%~1.9%。这一区间的最高值是一些味道较弱啤酒的酒精含量的一半左右，是葡萄酒酒精含量的十分之一多一点。如果你想通过吃面包来醉倒，就必须在刚出炉的时候吃。当它冷却后，乙醇就蒸发了。

发酵过程中还有其他化学反应同时在进行。其中两个在酿酒和喝酒的过程中十分重要。酵母进化出一套具体的分子机器和化学反应来处理糖。细菌也能将糖转化为酒精，但却是通过不同的程序。它们也通过糖酵解来创造丙酮酸分子，但是在处理这些分子时有自己的方法。由于没有氧，或者酶醛脱羧（酵母有，但细菌没有），起反应的丙酮酸会从 NADPH 抓取一个电子来产生 NADP。正如图中所示，这一添加的电子使丙酮酸被削弱，变成乳酸那样的小分子。要注意的是，变化发生在丙酮酸分子的中心碳。被双重连接的氧取代了氢（化学家们会说氢被削减），形成了 OH 基，

葡萄酒的自然史

从中心碳伸出。这一过程产生了 NADP,它可以通过糖酵解来循环。所以, 细菌细胞找到了应对其电子的独特的、经济的方法。

*

01 / CARBON 碳
02 / OXYGEN 氧
03 / HYDROGEN
氢
04 / LACTIC ACID
乳酸
05 / ETHANOL
MOLECULE
乙醇分子

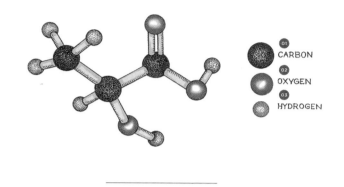

乳酸棒球结构

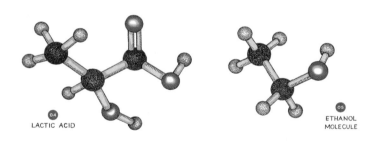

细菌发酵（左）和酵母发酵产品的棒球结构

　　将细菌(左)和酵母分别从丙酮酸中得出的产品并排进行比较, 我们可以看到, 两个分子完全不同; 它们品尝起来也不一样。细菌的发酵并不是一个"坏"方法: 人类在许多食品中使用它, 包括一些葡萄酒。比如, 美国农业部要求酸奶中存在两种菌——保加利亚乳酸菌和热链球菌。有着强烈味道或酸味的食品, 比如泡菜和酸菜,也使用细菌发酵。当然,我们不要忘记乳酸本身,它是牛奶的重要组成部分,也是人体一些生理机能的副产品。在一些葡萄酒中,特别是许多霞多丽中,酿酒师会使用细菌作二次发酵,将苹果酸转化为乳酸,带来一种更像黄油的味道。

幸运的是,许多化学反应是可逆的,正是因为如此,我们才能享受适量酒精给我们大脑带来的愉悦感,但对于细胞来说,酒还是有毒的。当我们化解肝中的酒精时(第十章将会讨论这一点),我们利用的破坏机制很可能最初是其他代谢目的所需要的。简单的酒精分子通过一种被称为酒精脱氢酶(ADH)的分子机器,被降解为许多更小的、毒性更弱的分子。没有这一特殊的分子机器,我们就不能化解酒精中的毒性,就不能饮用葡萄酒、啤酒或其他酒精饮料——甚至可能连面包也吃不上了。

许多侍酒师教科书宣称发酵简单得就像下面这个公式:

$$糖+酵母=酒精+二氧化碳$$

如果世界真这么简单就好了!这一等式省略了左右两边的诸多组成部分。如果侍酒师的工作是了解葡萄酒的种类以及它们的味道——没有科学的话,这是一项非常难以掌握的技能——那么发酵就完全可以被视为一个黑匣子。我们已经对发酵的产生过程进行了简化,但我们需要了解一些背景,它们对于全面理解葡萄、酵母和在酿酒过程中涉及的其他物种十分重要。

发酵的结果远在葡萄收获之前,也就是酿酒师们选择种植哪个葡萄品种时,就已经被决定了。酿酒师们根据颜色(分子决定)、含糖量(也是分子决定)、味道特点(更多的分子)和成熟特点(最终仍是由分子决定）来选择葡萄。还有许多其他需要考虑的因素，大部分都包括在哪些分子会最终存在于制作葡萄酒所需的被挤压的葡萄汁（"未发酵的葡萄汁"）之中。

当葡萄被压榨时，糖分子与水和其他小分子从破裂的果皮细胞中跑出。还有其他的一些分子，包括色素和栖息在葡萄表皮的像纤维素一样的分子。葡萄籽和梗也会在压榨中留存下来。它们会释放被称为单宁的小分子，并与更多纤维素和其他分子一起进入到葡萄汁，后者在发酵中基本不积极。葡萄表皮还会释放较大的分子，比如长链蛋白和碳水化合物，一些更大的组成部分也会发挥作用——游离于葡萄之外的细菌或酵母也会进入葡萄汁中。

因此，我们等式左边写成"糖"，绝对不够完整。事实上，葡萄表皮上有成千上万的蛋白。在一项关于葡萄基因的研究中，实验者们问到，在 15 000 种基因中，哪些形成了蛋白？结果是 75% 都可以。也就是说，在压榨之前，葡萄周围游弋着大约上万种不同种类的蛋白，还有糖、碳水化合物和其他长链糖分子。葡萄籽和外皮也被检验，以查找形成蛋白的基因，结果与此相似。无疑，大量蛋白存在于包含表皮、籽和梗的葡萄汁中。

在酿酒过程中，葡萄被压榨后，葡萄汁中通常需要立即引入某一酵母种类。留存于葡萄表皮或漂浮于空气中的酵母和细菌也经常搭个便车，开始影响这个丰富的分子大杂烩。但是，如果添加了足够的酵母，该酵母就会起主导作用（见第六章）。毕竟，这是酵母细胞成长的理想媒介。所以，一旦它们从破裂的葡萄细胞中被挤出，不稳定的蛋白就开始降解，而酵母细胞会梳理压榨后的葡萄汁，并吸取任何它们可以利用的东西。过一会儿后，唯一停留在葡萄汁中的分子就是较小的糖以及较大的碳水化合物，后者自己就会被分解。

正是在这时,等式的右边开始变得有意义。在大部分蛋白降解成为酵母细胞可以利用的分子后,其原来的形式就无关紧要了。喜欢糖和碳水化合物的酵母忙于分解长链糖,使其成为单环的糖分子,单环糖随后进一步转化为两个小的含碳分子:等式中的乙醇和二氧化碳。只要葡萄汁中含糖——取决于开始时有多少——酵母就会生产出更多的乙醇。但是一旦所有的糖被分解,形成乙醇和二氧化碳,酵母就开始饥饿,停止生产并死亡。这甚至可能发生在糖耗尽之前,因为当积累的酒精浓度达到葡萄汁中的 15%,就开始对酵母产生毒性。酵母死亡后,就不能生产乙醇。这是为什么大多数葡萄酒酒精浓度是在 9%~15% 的原因。发酵完成后,酿酒师必须通过过滤或更换容器的方法,设法去除沉降下来的死酵母。

通过酵母或细菌来发酵,虽然重要,却不是葡萄酒形成中的唯一方式。其他分子,包括色素、单宁、酚类物质和生物碱,甚至在糖被瓦解之后也存在。色素给了葡萄酒颜色,我们熟悉的红色大部分是来自花青素,尽管单宁也会影响酒的色泽。单宁和色素附着于生长中的葡萄表皮中,比糖更难提取和进入葡萄汁。

为了酿造红葡萄酒,酿酒师通常在整个发酵过程中保留果皮(不去除),以萃取更多色素。白葡萄酒则一般直接去皮,大部分颜色较深的白葡萄酒,其颜色实际来源于存放它们的橡木桶。但如果浸皮的时间较长,白葡萄酒的颜色也会变深。一些大胆的意大利酿酒师就这样酿造"橘色"葡萄酒,比如翁布里亚(Umbria)的保罗·贝亚酒庄(Paolo Bea),以及弗留利(Friuli)的乔斯卡·格雷弗纳(Josko Gravner)和斯坦科·拉迪肯(Stanko Radikon)。它们在意大利被称为"浸皮白葡萄酒",代表着一种古老传统的再生。白葡萄皮浸泡在葡萄酒中好几个月后,葡萄酒会变得清澈,并富含萃取物。这样酿出的葡萄酒并不是所有人都能欣赏的,但无疑它们是最有吸引力的品种之一。

葡萄酒的自然史

红白葡萄酒的颜色还受橡木桶的影响，橡皮桶会对储存于其中的葡萄酒释放一系列分子。接下来，葡萄酒的颜色和味道还会在酒瓶中发生变化，因为分子会在我们熟悉的陈酿过程中进一步反应和分解。陈化现象导致颜色的收敛：白葡萄酒随着陈化而变深，而红葡萄酒会变浅。在不看标签的情况下，要分辨一些古老的葡萄酒以前是什么颜色，着实困难。

如果要酿造桃红葡萄酒，大多数情况下，是让红色葡萄在被去皮前，使表皮停留在葡萄汁中一小段时间。表皮中含有的一些红色色素和味道分子可以进入到葡萄酒，而葡萄酒颜色的深度与浸皮时间基本成正比，通常是一天到三天。偶尔会使用一种被称为"放血"的工艺，它是指从红色的葡萄汁中提取粉色果汁，以增加深度。这种果汁会被单独发酵以生产桃红葡萄酒。其他酿制桃红葡萄酒的方法包括混合红白葡萄酒——一些地区不太认可这种做法——或者联合色素沉着，将色素固定在无色的类黄酮分子上。

最后，要使葡萄酒起泡——白、桃红，有时甚至是红葡萄酒——就必须保留发酵中释放的二氧化碳。香槟地区使用的传统酿造方法（偶尔也在其他地区广泛使用）是在酒瓶中进行二次发酵。葡萄被压榨后，在大型不锈钢桶中进行初次发酵，得出的静态葡萄酒根据需要进行混合。混合液然后与酵母和糖一起装瓶，开始二次发酵。使用皇冠盖（Crown Cap）进行暂时密封。在二次发酵中产生了气泡，酵母死亡并产生了一种被称为酒脚（lees）的沉积物。葡萄酒继续留存在酒脚之上一段时间，这个过程中酒瓶会逐渐被直立，瓶口朝下。酒脚聚集在瓶颈处，上端留下清澈的葡萄酒。瓶颈随后被放置在非常冰冷的盐水中，使沉积物快速冷冻成团状物，并在瓶盖被打开后用气压迅速将它去除。那时，瓶内被快速地加入一种含糖的"加味液"，可以根据需要调整葡萄酒的甜度，然后永久的瓶塞被插入，并用我们熟知的铁丝笼固定。

这是劳动强度很大的一个过程，而今天大部分起泡酒，包括十分普遍的普罗塞克，都使用酒桶二次发酵法，其二次发酵是在有压力和温度控制的不锈钢罐进行的，而葡萄酒也在压力状态下装瓶。

当星尘开始形成原子，宇宙的形成就开始了，同样，当分子被复制，就启动了另一个重要的里程碑，它是生命最基本的进程。大自然很可能试验了许多种方法，最终确定了使用脱氧核糖核酸（DNA）这一化学方法，正是通过它完成了大部分有机复制。DNA是遗传分子，携带着我们每个人代系的基因蓝图；至少对于生物学家来说，这个分子的一切都是美好的——它的形状、对称、互补性，还有功能。

DNA长分子是由4种核苷酸组成的：鸟嘌呤、腺嘌呤、胸腺嘧啶、胞嘧啶，简写为G、A、T和C。它们像两个卷曲链状组成的阶梯形（双螺旋），其中每一阶梯包括一个C，配着一个G，或者是一个A配着一个T。正是这种限制使DNA美丽、对称，并成为可复制的分子：如果你有一截双螺旋，你就知道它的对应方是什么样子。DNA另一个为科学家所钟爱的方面，是其线性排列，这是由核苷酸相互联结的方式导致的。分子通过其核苷酸序列为蛋白（细胞的组成部分）生成编码来展开工作，每个编码基因对应一个特别的蛋白。由于DNA是线性的，由DNA编码的蛋白，其原始结构也是线性的。

蛋白是由20种氨基酸组成的。但是只有4种DNA基础，因此，如果每个核苷酸直接编码成氨基酸，就会出问题。即使每个氨基酸有两个核苷酸编码，也是很困难的，因为两种核苷酸相邻排列的话，也只有16种方法。那么三种核苷酸呢？这样就可以将4种可能性提升三次方，也就是64种。因此，大自然提供了64种含有

葡萄酒的自然史

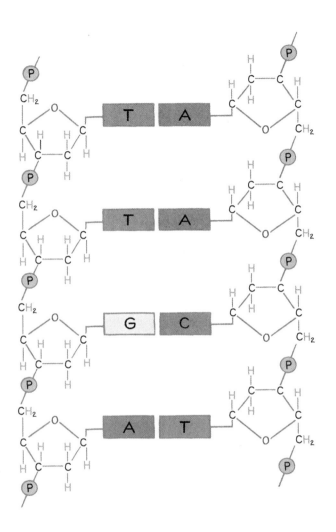

DNA分子的双线结构

图中显示了基本组块为核苷酸（G、A、T、C）的四组核苷酸对。要注意，A与T相配，而G与C相配。分子实际是螺旋结构，这是由沃森和克里克于1953年确定的，这里为了清晰度，展示的是平面图。

三个核苷酸的密码子。很明显，当大自然选择确定这种三个一组的密码子时，它并不在意冗余。所以，4 种 DNA 密码子，CCA、CGG、CCT 和 CCA，都是指同一种氨基酸——脯氨酸。同一氨基酸甚至可以对应 6 组密码子，但似乎没有对应 5 组的。

正如 DNA 将自己卷成双螺旋结构以产生更高级的形态，蛋白也是如此。但是，与几乎所有 DNA 喜欢把自己卷成双螺旋状不同，蛋白卷曲的方式多种多样。它们卷曲形成的三维结构对其功能的发挥至关重要。通过蛋白，DNA 为生长进程编码，最终与环境互动，以决定生物的最终形象。这是为什么你看来有一些像你的父母，以及为什么你的孩子或兄弟姐妹有一点像你的原因。从更大的层面上来说，这也是为什么猫与狗和海狮有许多相同之处，而黑猩猩、大猩猩与人类相比，拥有与其他生物相比更多的相似之处的原因。

由于科学家们现在了解了 DNA 和蛋白的结构，他们能够发展出技术，轻松并快速地解码核苷酸在生物基因组中的初级序列，以及蛋白的氨基酸序列。由于 DNA 编码了生物体必需的蛋白和酶，我们可以了解很多信息。如果知道生物的 DNA 序列，科学家们就会了解它的诸多特点。除此之外，DNA 序列还可以用来确定个人（就像破案电视剧中的 DNA 指纹分析一样）或某一组织的物种来源（这一过程叫 DNA 条形码）。还有更大的奖励。自生命开始，DNA 从父母遗传给子女（对于菌来说，是从母细胞遗传到子细胞），复制过程偶尔发生的错误（变异）使某种核苷酸取代了另一种。因此，这一长分子记录了生命的进化，值得我们抽出一部分时间来看看它是如何进行的。

✦ ✦ ✦

不同种类的葡萄树有何关联？查尔斯·达尔文从早期的博物

葡萄酒的自然史

学家那里获得灵感，在19世纪中期展示了进化过程如何产生了伟大的生命之树。现在我们知道，生命之树的结构已经写进了地球上每个生物体的 DNA 中，尽管一些 DNA 还没有被破解。

地球上的生命都是从同一祖先起源，通过持续的分支而变得多元化。每一组生物都有着共同的祖先，而这一祖先与其他相关族群有着更遥远的共同祖先。生命之树的形态极好地展示了这一过程，使这些共同的祖先能够被重新构建。这一过程对于了解葡萄酒制作过程中的各个角色来说是十分重要的（正如我们下一章将要讨论的那样）。

让我们看一个简单的例子，我们有一株葡萄藤、一支玫瑰、一棵玉米、一棵银杏树，还有一片苔藓。这些可以进行光合作用的生物都是植物，其关系并不冲突。其中，葡萄和玫瑰是近亲，它们有着独特的胚胎发育模式。然后是玉米，它与玫瑰和葡萄共同的特点是都会开花。而与葡萄、玫瑰和玉米同样相关联的是银杏，在这个更大的群体中，所有的成员都会生产种子。当然，这把苔藓排除在外，它也与其他几个生物的关联程度相同。

下图显示了我们可以使用进化树来说明这些关系。当两种东西最为关联，它们就像一个叉子上的两个分支。我们的进化树上画有好几个叉子并被编号，每一个代表着上面生物的共同祖先。因此图中的 2 号叉子可以被认为是玉米、玫瑰和葡萄的共同祖先。一旦我们确定了玫瑰、葡萄和玉米有共同的祖先，我们就可以提出一些重要问题：这个祖先有多少岁了？是否有化石符合这一条件？如果我们回答了这些问题，我们就知道包含玫瑰、玉米和葡萄的群组的年龄。我们还可以问一下共同的祖先是什么样的，又是如何发挥作用的。

进化树有着相当长的历史。科学界最具有标志意义的进化树

从左到右：苔藓、银杏、玉米、玫瑰、葡萄

植物关系的进化树，展示了玫瑰和葡萄之间的关系

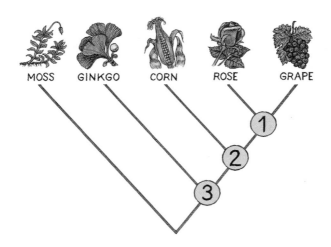

就是达尔文的"我认为"树，那是他在 28 岁时刚刚从环游世界的
"贝格尔号"下船，画在其中一本书记里的。

　　但是，自达尔文起，构建进化树的技术有了长足的发展，根据
DNA 序列发展出了一些构建方法。最简单的方法就是我们刚刚给
出的葡萄、玫瑰、玉米、银杏和苔藓的例子，用简单的相似性来集
合分类群。其他的方法也被使用，因为仅仅有相似的外观并不能
证明生物是密切相关的。自然界有许多例子。最清晰的一种就发
生在植物身上，以生长于亚非的大戟属植物与新世界的仙人掌为
例：它们在外观上非常相似，但其进化历史显示，它们只是远亲。

　　因此，在构建我们的进化树时，我们必须抛弃总体相似性，
具体寻找它们从共同祖先那里继承，而非独立获得的特点。由于
DNA 核苷酸长链最终在构建相互联系的基础物种中是不同的（在
共同祖先继承中发生变异），DNA 是进行这一工作的最佳工具。如

葡萄酒的自然史

果我们有葡萄、玫瑰和玉米，我们希望根据 DNA 序列数据来排列它们，就可以给三个物种做基因测序。但是这里需要有一个参考框架。想象葡萄和玫瑰在基因的最后位置都有一个 A（腺嘌呤），而玉米在同一位置却有一个 T（胸腺嘧啶）。我们也许立即得出结论，

查尔斯·达尔文1837年理想化的
"我认为"进化树

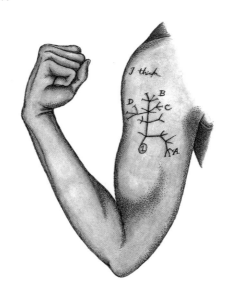

认为葡萄和玫瑰是同一支的姐妹。但事实是，没有更大的参考框架，我们真正知道的，只是在三种植物进化的过程中，在某一阶段要么是 A 变成了 T，要么是 T 变成了 A。为了使我们了解这一变化的方向，我们也许要再来看看银杏。为了找到这些物种的最佳进化树，我们需要看看基础对的变化如何实现了葡萄、玫瑰和玉米排列的所有可能。在我们的案例中这非常简单，因为只有三种可能的组合，把葡萄与玫瑰放在一起，或者葡萄与玉米，或者玉米与玫瑰。这三种进化树可见下图。

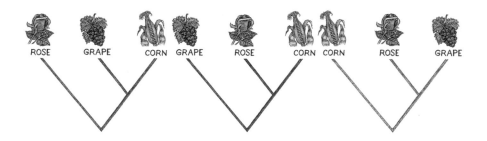

从左到右：玫瑰、葡萄、玉米，葡萄、玫瑰、玉米，玉米、玫瑰、葡萄

玉米、玫瑰和葡萄三种可能的进化树

　　想象一下银杏的基因测序，它包含一个 A。这样，玉米中 T 的最佳解释就是它那一支在线性发展时发生了新的变异，因此它并不能帮我们决定目标物种的排列。但如果银杏也有一个 T，我们可以用简约原则来判断三种可能的进化树中哪个是最好的——也就是说，最能有效解释数据的那个。把葡萄和玉米作为最亲密关系的进化树，我们发现 DNA 序列需要改变两个地方。把玫瑰与玉米放在一起的图也是如此。但是把葡萄和玫瑰放在一起的进化树只要简单改变一个地方，就足以解释我们观察到的序列——因此，它是我们拥有的小组数据的"最佳"进化树。

　　当然，为了恰当地进行类似的研究，我们需要检测上千，甚至是上百万的 DNA 序列变化，就像欧内斯特·李（Ernest Lee）和他的同事 2011 年在纽约大学所做的那样。这些研究者们对 2000 个基因进行了检测，发现 500 多个 DNA 序列位置支持玫瑰-葡萄进化树，但只有约 30 个支持其他两种假设。

葡萄酒的自然史

1   相当于酒精含量 *0.5%*。

2   不可化约的复杂性是一种主张，认为生物系统太过复杂，以至于无法由较为简单或较不复杂的祖先演化而成，并且无法经由自然发生的突变机会产生

葡萄和葡萄树

Y

GRAPES AND GRAPEVINES

An Issue of Identity

身份的问题

　　我们想要喝到一款产自最古老葡萄品种的
葡萄酒,结果找到了法国南部一种不太昂贵的
起泡酒,老普林尼在两千多年前就曾夸赞过它。
这瓶克莱雷现在就放在我们面前的桌子上,它
绿色的瓶子被冷却过,瓶盖上有着人造金箔,而
瓶塞打开时,一种让人心满意足的气体被释放
出来。又大又缓慢的泡沫令人惊叹地在舌尖变
成轻薄的、有奶香味的酒,紧随其后的是淡淡的
蜂蜜和香瓜的甜味。它是温暖夏夜绝佳的开胃
酒。罗马人显然极为了解自己想要的东西。

葡萄酒的自然史

拿一杯酒在手中，然后把它举到光线下。旋转、轻嗅、饮用，然后吞咽。在这一仪式的每一阶段，你的感官都被愉悦：视觉、嗅觉、味觉、触觉——甚至是听觉，如果你猛地喝下的话。对于拥有如此简单外观的液体来说，能触发如此多的感官似乎有些不可思议。但葡萄酒是复杂的，酿造它需要把许多生物物种结合成错综复杂的微生物生态系统，里面发生着无数的微妙反应。对于这样一种精致的产品，人们也许期待很多，但要了解如何酿造葡萄

*
_____

01 / DORSAL
BUNDLE
NETWORK
背面维管束网络

02 / EXOCARP
外果皮
（表皮或果皮）

03 / BRUSH 冠毛

04 / PEDICEL
果梗

05 / STELE
中心柱

06 / RECEPTACLE
花托

07 / OVULAR
BUNDLE
胚胎束

08 / LOCULE
子囊腔

09 / SEED 种子

10 / MESOCARP
中果皮（果肉）

11 / VENTRAL
BUNDLE
腹面维管束

12 / STYLAR
REMNANT
花柱遗留

13 / SEPTUM
芽胞壁

14 / CENTRAL
ZONE 中心区

15 / INTERME—
DIATE ZONE
中间区

16 / PERIPHERAL
ZONE 周边区域

_____

葡萄横切面

酒，远比仅仅了解酵母是如何将葡萄中的糖通过一系列化学反应转化为酒精要复杂得多。这也许是酿酒的基本过程，但其中还有更多事情发生。如何将葡萄汁转化为葡萄酒，取决于葡萄和酵母的生命历程。

◆ ◆ ◆

让我们从葡萄开始。基本的酿酒葡萄包括胚胎，也就是种子，它被一层厚厚的果肉所包裹，外面是一层薄而粗糙的果皮。通过

改变种子编码的基因，一些葡萄被培育成无籽的。大部分食用葡萄都是如此，因为吃到籽令人不快，而且它味道稍苦。尽管也有人试图用无籽葡萄来酿造葡萄酒，现在却并没有知名的酿酒用的无籽葡萄。

在防水表皮内，包裹着种子的果肉含有细小的相互连接的管道，流淌着养分、荷尔蒙和水。野生葡萄通常含有 4 粒种子，但这一数字可能有所不同。每个种子包含一个柔软丰满的胚胎，被叫作胚乳的薄膜包裹，而种子自己，被坚硬的种皮包裹，就像上页图中所示的那样。

每颗葡萄末端有一个茎，或者叫果梗，将它与树连接。果梗就像一个阀门，养分和水流经这里，为葡萄提供养分。就像我们自己的身体一样，植物需要将养分运到其不同的组成部分。我们身体

*

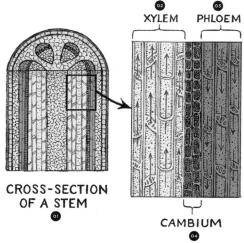

01 / CROSS —
SECTION OF
A STEM
茎剖面图

02 / XYLEM 木质部

03 / PHLOEM
韧皮部

04 / CAMBIUM
血管形成层

05 / TRUNK 主干

06 / HEAD
头状花序

07 / CANES 长枝

08 / CORDONS 主蔓

09 / BUD 芽

10 / ARM 短枝

11 / SPURS 短枝突起

典型的维管植物的茎中木质部和韧皮部的位置（形成层是二级维管系统的一部分）

葡萄酒的自然史

中主要的养分运输者是血液,它流经我们由动脉、静脉和毛细管组成的血液的维管系统。在植物中,有两个维管系统流经果梗,它们都由一组细胞构成,形成了微小的管状系统,被称为木质部和韧皮部。一个管道存在于另一个管道之中,形成了管中管系统。

木质部和韧皮部就像两个筛子,控制分子,比如蛋白、糖、荷尔蒙进出葡萄。木质部是内部的管道,负责运输水、生长荷尔蒙、矿物质以及任何根部向葡萄树其他部分供给的营养物质。它在葡萄早期生长的过程中扮演着重要的角色,但当葡萄继续成熟时,

葡萄树末端的解剖图

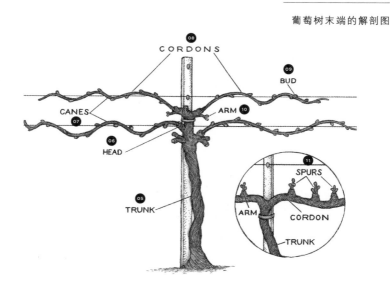

就失去了其重要性。葡萄生长的较后期被葡萄种植者称为"转色期",它通常始于木质层维管系统的关闭。

韧皮层负责运输蔗糖和葡萄树叶光合作用的产物。在"转色期"之前,韧皮层是安静的,但一旦成熟开始,它就变得活跃。木质层

和韧皮层一起控制葡萄的大小和数量，也就是其糖与水的含量。
控制这些关键成分在每颗葡萄中的数量，对于发酵和酿酒来说至
关重要：糖和水就是形成酒精的成分。但是由于葡萄几乎所有的
组成部分——果肉、种子和果皮——在酿酒中都会发挥作用，平衡
这些因素对于葡萄酒的外观、味道和感觉都非常重要。

葡萄树自身的结构对于理解葡萄如何获得养分（质量的关键），
以及葡萄树如何无性繁殖也是很重要的。葡萄树植根颇深，引导
地面上的每一植株，并充当植物从土壤中汲取养分的导管。根部

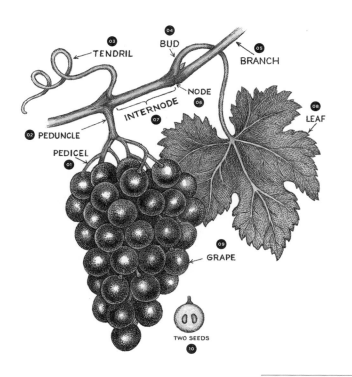

*

01 / PEDICEL 果梗
02 / PEDUNCLE
　　 花梗
03 / TENDRIL
　　 卷须
04 / BUD 芽
05 / BRANCH 枝
06 / NODE 茎节
07 / INTERNODE
　　 节间
08 / LEAF 叶
09 / GRAPE 葡萄
10 / TWO SEEDS
　　 两个籽

葡萄树的葡萄部分

葡萄酒的自然史

及枝干的下半部被称为砧木。砧木之上，枝干延伸至顶端，并产生无数分支，它们被称为主蔓。在每根主蔓上有芽状物，它们会发展为长枝。有规则地间歇点缀长枝的是更小的芽，它们会膨胀并生长成为树叶和葡萄串。中间的间隔被称为节间，芽和节间的数量对于每年葡萄树的修剪十分关键。在蛰伏阶段（通常是冬季）之后，芽开始膨胀。绿色芽尖随后出现，然后叶子开始生长。它们伸展开来，葡萄花开始生长并与树叶分离。花朵盛开，被施肥，果实就开始成长。成熟后，葡萄可以有几种命运：被人采摘，被动物吃掉，或者腐烂。叶子从长枝上掉落，周而复始。

栽种者通过对植株的严格选择，事实上积极改变了葡萄树的所有特点。人们花费了上千年的时间培育葡萄，使它们产生满足酿酒者的特定要求。这一过程从原则上讲与动物的育种非常相似，后者也有漫长的历史，但栽培葡萄更像养猫而非养牛。所有的植物都很难被"驯化"，最佳的方法是等待基因自发变化，发展出所期望的特性。

正如第三章讨论的，DNA是分子双螺旋长链，带有代际相传的信息，编码以指导每个个体的生长。动物、酵母和植物的基因组是DNA在单一细胞核中的总数，它被编进含有基因的染色体中。人类基因组有23对染色体，20 000个基因和30亿个核苷酸对（鸟嘌呤、腺嘌呤、胸腺嘧啶和胞嘧啶）。两个基因组的副本（一个来自母亲，一个来自父亲）存在于人体几乎每个细胞。葡萄树有19对染色体和26 000个基因，尽管其基因组只有5亿个核苷酸对。酵母仅有16对染色体，大约6 000个基因，和1 200万个核苷酸对。

1856—1863年，居住在现属捷克领土的修士格雷戈尔·孟德尔（Gregor Mendel），对在其修道院花园里开花的豌豆进行了实验，结果发现了基因遗传的基本规律。在对苍蝇、蠕虫、海蛞蝓、老鼠和拟蓝芥草等生物进行了近一个半世纪的基因研究后，科学家们在孟德尔发现的基础上补充了生物出现及遗传的特点。孟德尔栽培的豌豆在遗传模式上比较简单，但葡萄（大多数生物都是如此）则不同，其大部分特性都被基因学家认为是复杂的，由许多而非仅仅一个基因控制。科学家们使用 DNA 测序技术，可以了解生物，如植物、菌类、动物和微生物的 DNA 简单抑或复杂的特点是如何发生变化的。

正是因为有了这样的知识，从 20 世纪 70 年代开始，现代植物和动物培育者们开始运用基因工程技术来发展新的、有益的特性。但即使没有这些技术，培育者们也能定位许多轻易能观察到的和明显可遗传的特点。植物栽培有着丰富的历史，通过许多不同的植物繁殖方法和生长控制手段，出现了许多葡萄品种（或品系）。最简单也最常用的方法——事实上在人类出现之前自然就已经使用了——就是有性繁殖。

野生葡萄树拥有雌雄异株的两性生活：植株严格地要么是雄性，要么是雌性，其后代可能表现亲本特点的任意组合。由于雌雄植株对后代植株都有贡献，这两者都需要被追踪，以预测后代可能出现的特点。这是基因学家或培育者的工作。在早期，基因学家认识到有两大类特点——一种是每一代都清晰呈现的，还有一种是隔代呈现的。他们称前者为显性的，后者为隐性的。但是，被栽种的葡萄比野生葡萄要更容易控制。它们的花朵有着雌雄两个部分：它们可以自己授粉，仍然能长出具有繁殖能力的后代。这一种情况叫作雌雄同株，其栽种过程倾向于同化后代的基因构成。

但是，另一种使葡萄树繁殖并长出令人期待的产品的方法，是使两种葡萄树杂交，每种葡萄树都有着不同的期待属性。植物可以做到这一点，因为卵细胞和花粉结合时的染色体数量，对于培

育来说是不重要的。在这一方面，植物与动物不同，后者在精子和
卵子结合时必须有相匹配的染色体。具体来说，动物受精卵（卵子
和精子的结合体）要求卵子和精子有相同数量的染色体。因此，不
同植物品种间的杂交，要比动物容易得多。如果杂交按葡萄栽培
者期待的那样进行，新的杂交葡萄树后代将展示其父母不同的属
性，因此可以被广泛繁殖。

　　同时，也有一些方法能严格保持某一葡萄种类的期待属性。
首先就是克隆葡萄树，它绕过了繁殖器官。原则上来说，这很简单，
比如从葡萄树上切掉长枝，并把它们种到地里，或者是空中压条，
这是一种古老的方法，它引导树根在葡萄树干上形成，而不用将它
从植物上剥离。但是，在实践中会比较复杂。植物细胞是很奇
怪的。在早期的发展中，动物体内存在干细胞，它开始时并不知道
自己会成为什么，但最终变成许多不同种类的细胞——神经元、
皮肤细胞等。干细胞有成为任何一种细胞的能力，使它们具有多
功能。但一旦动物干细胞决定了自己在生命中要扮演的角色，它就
会固定下来，失去多功能。相比之下，即使发展成为某一特殊细
胞种类，植物细胞也有可能发展成为其他种类的组织。使用植物
的一部分来重新培育出一整棵植物，是一个简单的过程。

　　葡萄栽培者在克隆植物时，通常将剪下的部分（对于葡萄树，长
枝是较常见的选择）浸泡在植物激素中，使根部生长。这些措施刺
激了根部生长基因。长出根的长枝然后被栽种，由于克隆并不包
括繁殖，这些葡萄树成为其亲本的基因复制品。这样，葡萄栽培
者可以确保任何与克隆程序相匹配的葡萄树的准确再生，这相应
地确保了葡萄园中葡萄树乃至葡萄的一致性。如果所有的葡萄树
都是相互克隆的，其环境也是相似的，它们的产品应相当一致。如
果葡萄种植者倾向于压枝，可将一棵植物（母株）的长枝拉伸到地
面——非常像脐带——并埋起来，地面上仅留枝顶及其芽。这一

被拉伸的长枝通常需要一到两年来形成比母株"脐带"直径略大
的树干，但一旦形成了，其与母株的联系就被砍断，子株就可以自
己生长。

种植者确保葡萄树基因一致性的另一个方法是砧木育种。
这一方法需要一棵已经良好生长的植物，它有着健康的根部系
统——可以是一整棵植物，或者是树墩，后者更为常见。从具有
期待特性的树上剪枝——也就是幼芽——并将它嫁接到树墩上。
幼芽通常与砧木能很好地融合，随着时间的推移变成一个整体，
两个部分就像一棵植物那样生长。但是砧木有一套基因——通常

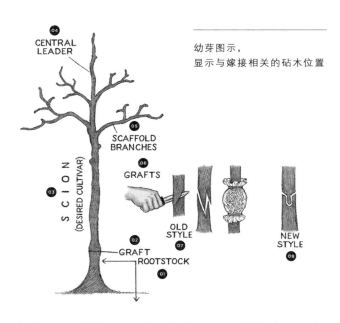

幼芽图示，
显示与嫁接相关的砧木位置

*

01 / ROOTSTOCK
砧木

02 / GRAFT 嫁接

03 / SCION 幼芽
（DESIRED
CULTIVAR）
（期待栽培品种）

04 / CENTRAL
LEADER
中央主枝

05 / SCAFFOLD
BRANCHES
主枝

06 / GRAFTS 嫁接

07 / OLD STYLE
旧方式

08 / NEW STYLE
新方式

被选择来促进根部的生长或抵抗病原——而接穗有另一套，通常
用来控制水果的特性。除了育种，葡萄树这一可被嫁接的特性还
被用于其他目的：比如，在 19 世纪，为了防止根瘤蚜虫的破坏，嫁
接挽救了整个酿酒行业，正如我们将在第七章讨论的那样。

葡萄酒的自然史

问题来了。酿一瓶好的葡萄酒，最值得期待的特性有哪些？葡萄中的糖分很重要，因为它是酵母制作酒精的主要燃料，因此我们必须重视培养果肉中糖的含量。由于好酒的标志之一是一致性（品质恒定），我们还希望糖的含量在每一品种中相对一致。我们甚至还希望葡萄是真正的代际传递，尽管有可能长出更大的叶子。这一特点需要增加光呼吸，它相应地会在葡萄中产生更多的糖。不能忘的还有葡萄串的大小。每串葡萄的产量如果达到平均每串产出的二至三倍，每株葡萄树的产量也相应提高，从而使酒的产量提高。尽管过高的产量会降低单个葡萄的质量，但严格的修剪可以提高酒的品质。像葡萄酒这样复杂的产品，期待特性的清单是很长的。所有这些特性以及更多的要求已经在栽培葡萄中被培育，使得其品种异常丰富。

让我们花一点时间重新谈论葡萄种子，它不仅对于理解葡萄树的繁殖很重要，也有助于我们了解葡萄的不同特性是如何被选择的。在葡萄被人类培育种植以前，葡萄中种子的数量通常是 4 个。但是通过操纵葡萄的基因，葡萄生产者可以种植无籽葡萄。（我们所说的无籽葡萄实际上在其生长早期是有籽的，但是坚硬的外部种皮由于基因突变而没能生长。）葡萄怎么会变得没有籽？基因含有 DNA。当父母产生精子和卵子时，传给后代的 DNA 数量减半，尽管它通常完整地遗传。但是精子和卵子的排序通常与父母的不同，因为有时，尽管是非常罕见的，DNA 的复制也会出现错误。这些突变对于生物来说，并不总是有害的。事实上，它们也许对生物完全没有影响，而且在现实生活中非常普遍。

变异如何发生？想象你需要完成一项具体任务所进行的一套指示，比如"开始制作种皮"。将指示中的一些词语改变——比如，"开始去制作种皮"，或者"开始来制作种皮"——通常不会改变其功能意义。但如果"开始"一词变成了"停止"，那么信息就完全不同了。观察生物体中的变异是一门艺术,一些研究者由于能够认识并从广泛的生物体中区分变异体而颇有声望。具有讽刺意义的是,尽管没有人能生产出可以酿制好酒的无籽葡萄,一些理解植物基因最为伟大的成就,就起源于找到并认识那些负责水果不产籽的基因的特点;如果相似的技术可以用于操纵那些控制着糖含量、葡萄颜色或其他重要特点的葡萄树基因,对于酿酒来说,我们也许可以期待更大进步——甚至影响到我们如何饮用葡萄酒。目前,关于葡萄树的这类研究仍然处于萌芽状态,但不排除新的发现很快就可以添加到传统的筛选程序中去,帮助我们生产出更多品种的葡萄。现在,由于葡萄树在植物界中的位置对于理解其特点来说十分重要(这也是为什么它可以为人类提供如此多满足感的原因),我们需要了解葡萄及其野生亲属,还有其他种类的植物是如何相互关联的。

◆ ◆ ◆

生命很可能开始于海洋。但在第一批植物、动物和菌类于大约 5 亿年前的寒武纪时在陆地上扎根,一种被称为适应辐射[1]的过程就开始了。当一系列新的形式出现后,适应辐射就发生了,机会主义生物体填补了范围广阔的新生态生境。看起来,大规模的适应辐射是导致地球超级多元化的更为重要的程序之一。

植物适应陆地生活所做的主要改变之一就是重塑其身体计划。具体来说,早期的陆地生物发展出一套维管系统,使其可以在内部运输水,而那些没有维管系统的植物就过着更为原始的水下生活,或者成为特别的陆生生物。这些没有维管的植物今天仍然存在,比如绿藻和苔藓类,后者包括苔藓、苔、金鱼藻,都是独立繁殖的植物。

尽管研究苔藓的植物学家会强烈反对,但对于我们来说,管道化正是植物多样性和适应辐射真正开始的时候。通过观察那些在几亿年进化中都没有怎么改变的奇怪物种，研究者们可以推断维管植物如何变得多样化，并产生了卓越的类似葡萄树这样的后代。这些几乎不发生变化的物种被普遍称为活化石【尽管我们的同事里查德·佛蒂（Richard Fortey）倾向于将它们描述为幸存者】，这些坚强的物种包含奇怪的维管形式，如石松、木贼、蕨类、银杏和苏铁等。

石松可能是最原始的维管植物，其次是木贼。这些植物的解剖结构与5亿年前几乎完全一样。蕨类植物的化石大约出现在3.5亿年前，但其现在丰富的种类大部分可以追溯到1.45亿年前。石松、木贼和蕨类并没有形成一个自然族群，但它们都有一个独特的属性：它们没有种子，而通过孢子繁殖。所有其他的维管植物都以种子来繁殖，今天的所有植物包括两条伟大的种子植物线性发展路径，它们在大约3亿年前分道扬镳。这两大族群区分的标志是像葡萄树那样开花（被子植物），还是不开花（裸子植物）。

大部分被认为是活化石的原始维管植物都是裸子植物，很少有开花的被子植物。1879年，进化之父查尔斯·达尔文给植物学家约瑟夫·道尔顿·胡克（Joseph Dalton Hooker）写了一封信，里面把这一特点称为"讨厌的秘密"。这一秘密的讨厌之处在于，被子植物突然出现在化石记录里，就在适应辐射疯狂产生了我们今天所见到的丰富开花植物之前。这一适应的发生违背了达尔文关于进化的预期，他认为进化是缓慢的、累加的变化和多样化，这使他颇为惶惑。即使在今天，当我们理解到许多不同种类的事件都会对进化产生影响后，这么多开花植物在如此短暂的时间（以进化的角度来说）突然出现仍是令人诧异的。第一批被子植物化石可以追溯到约1.35亿年前，尽管也有花粉粒化石暗示，早在2.5亿年前，被子植物就可能存在了，远在辐射时间之前。但秘密不仅存在于时间，还在于这么多不同的形式如何从基因和发展上出现，为什么一些被子植物种群差异化明显，而其他种群并非如此。

◆　◆　◆

那么葡萄树在植物进化树上的位置在哪儿？根据分类学惯例，每个活的物种都从属于一个种群，而这一种群从属于一个更大的种群。大部分酿酒所用的葡萄属于"酿酒葡萄"（*Vitis vinifera*），而它与其他物种一起属于葡萄属（*Vitis*），而葡萄属又与其他属一起属于葡萄科（Vitaceae）。葡萄科又属于葡萄目（Vitale）……继续往上，接下来是属于被子植物，再往上到植物，直至真核生物（它几乎包含了所有细胞中有细胞核的东西，包括人类）。

葡萄目本身在被子植物中比较难以分类。解剖研究表明，它与蔷薇目这一内容广泛的分类属于一组，后者几乎囊括了四分之一的被子植物物种。但是基因组比较的结果模糊了分类，我们能找到的最好解释是，葡萄目与所有蔷薇目植物有共同的祖先。这一共同的祖先明显有着巨大的进化潜能，因为它的后代中既有最漂亮的植物之一玫瑰，又有制作葡萄酒的葡萄。

葡萄目仅包括一个单一的家族葡萄科，它足够特别，可以拥有自己的类目。这一科被分为两大种群：草本及像树的火筒树亚科和依附攀缘的葡萄亚科。正如其名字所示，结葡萄的葡萄属（还有13种其他属）属于后者。尽管那13种也像葡萄树，但并不出产像我们了解的那样适合制作发酵饮料的水果。葡萄属含有大约60个品种。野生品种主要是在北半球发现的，变种常出现在亚洲、北美和欧洲。

不是所有的葡萄都是平等的。或者至少，不是所有的葡萄在酿酒的潜力上都是一致的。对于那些试图给葡萄植物定类目的分类学家来说，某一葡萄（酿酒葡萄）……是葡萄……并不一定

葡萄酒的自然史

Vitis vinifera Subspecies
葡萄亚种

Subspecies 亚种	Cultivars 栽培品系	Rootstocks 砧木	Hybrids 杂交
夏葡萄	0	0	++
山葡萄	+	0	++
冬葡萄	+	+++	0
背叶葡萄	0	+	0
加勒比葡萄	0	0	+
山皮氏葡萄	+	+	0
灰葡萄	0	+	++
霜葡萄	0	+	+
美洲葡萄	+++	++	+++
朗吉氏葡萄	+	++	0
河岸葡萄	++	+++	+++
砂地葡萄	++	+++	+++
刺葡萄	0	+	0
酿酒葡萄	+++++	+	+++

是葡萄。分类学家们根据卡尔·冯·林奈（即林奈）在约250年前
建立的规则来进行分类。这些规则初看起来很简单。林奈用二
名法（两个名字的结合）来为动植物命名。第一个名字指出物种是
哪一属，第二个表示物种本身。比如，在这个系统中，我们人类
属于人属（*Genus Homo*），物种则是现代智人（*Homo Sapiens*）。
到目前为止，一切都不错。但是超出这些基本规则，事情就有
些复杂，因为分类学传统上是基于专家的判断，而根据主观专
业水平确定的名字通常会发生变化。

从原则上讲，物种是由生殖排外性来确定的最大同系生物
体系。但实际问题也会产生，例如生殖隔离是不完整的，或者分类
学家仅仅从对象的外观来判断生殖排外性。通常，繁殖会使问题
更为复杂。比如，分类学家必须决定，一些传统被认为是独立物

种的东西实际上应与其最亲的亲属属于同一物种。为了将种群分开，必须确定亚种，而每一个物种因此会得到第三个名字（亚种名），排在前两部分名字之后。

这就是葡萄的命运，属的同种名在过去的一个世纪左右激增，所有的亚种都可相互杂交。我们只能对由此导致的复杂性感到抱歉，但是如果想在葡萄树和葡萄酒世界中掌握名字的迷宫，了解其起源是必要的。这一图表列出了酿酒葡萄最重要的亚种，以及它们在葡萄种植行业中不同角色中的重要程度。图表中的"o"表示该亚种并没有用于这一功能，而"+"表示它用于某一具体功能的不同程度。这样，曾经是冬葡萄的物种现在被认为是葡萄中的冬葡萄亚种。它几乎从不被用作新的栽种品系（栽种的形式），从不用于杂交，但却是很常用的砧木。

葡萄的独特性在于，它是由林奈亲自命名的，如果我们只关心二名法，这个名字就已经是我们所有需要了解的全部内容了。但是在 19 世纪末期，德国植物学家卡尔·埃内斯特·奥托·昆茨（Carl Ernst Otto Kuntze）认为，葡萄的分类学需要进行一些更正。1891 年，他发表了关于植物分类的学术长卷《植物分类修正》，其中对几千个植物物种重新命名，包括葡萄。这一著作似乎引起了植物界的不满，其重命名，就像"修正"一词本身一样，被其同时代的人基本忽略或拒绝。但不管如何，他对一些葡萄变种的同物种命名有一些还是反败为胜了，而这一图表中的许多名字仍被认为是有效的。

昆茨的工作也没能限制林奈离开后复杂性增加的程度。到今天为止，分类学家只认可葡萄属内约 60 个独立物种，但是在葡萄被命名的 250 多年里，它们一共有 500 个左右的不同物种名字。这种过度命名是因为一些人给已经有名字的物种错误地再命名。

当植物被发现名字不止一个时，分类学家使用优先性原则来决定其恰当的名字，将第一个命名指派给该植物，而把其他名字全部扔到生物学历史的垃圾堆里。葡萄名字混乱的部分原因，是其各相互关联的分支类别广泛，另一方面也是因为科学家们倾向于给自己正在研究的东西起名字。

导致命名情况更为混乱的是最受关注的葡萄可能存在不止一个名字。比如，德国植物学家亨利·K.伯格（Henry K. Beger）将某种葡萄树命名为"大麻葡萄"（*Vitis vinifera sativa*），后来证明它其实就是林奈所命名的葡萄 L（L 表示它是由林奈命名的，从定义上具有优先性）。这意味着伯格的葡萄如果真的与林奈命名的葡萄属于同一亚种，就应该使用三名法命名为酿酒葡萄（*Vitis vinifera vinifera*）。但这一名字在数据库中极少出现，当研究者们使用它时，几乎肯定它就意味着伯格所命名的大麻葡萄（也就是葡萄 L）。使情况更为复杂的是，野生葡萄（*Viti Vinifera Sylvestris*）也被用来描述一些与栽培葡萄密切相关的野生葡萄品种。据植物命名的网络权威《植物列表》（*Plant List*），这一亚种的名字也是葡萄 L 整个种类的代名词。（更复杂的是，Sylvestries 有时也会拼写成 Silvestris）。

如果各种名字的变化让你感到十分困惑，我承认在这一点上，我们是相同的。但还有更复杂的。在已经发生诸多变化的每个物种或亚种内，科学家们可能还会创造另一个类别。对于葡萄来说，这一添加的类别表示葡萄树被栽培和培育，成为通常我们所说的"品种"（Variety）。但是，当我们使用这一名词来区分历史上被栽培的不同葡萄种类时，与我们描述野生生物体"品种"时的指代不同。因此，另一种描述栽培形式的方法，就是称它们为"新增品种"，暗示它们被美国和法国权威参考资料编入了目录。从技术上讲，我们应该把栽培出的品种（霞多丽、西拉等，甚至它们内部的品种)称为栽培品种(Cultivar),尽管在葡萄酒文化中,这一词通常与"variety"相交替使用。

◆ ◆ ◆

美国农业部倾向于在幕后默默工作,监控我们所吃食物的质量,并对农作物和动物的健康进行严密监控。同时,它也拥有世界上重要的葡萄品种数据库之一:位于纽约日内瓦克隆数据库农场的科尔德-哈蒂葡萄收藏馆,那里藏有1800多个葡萄克隆品种。它的规模使其成为美国最重要的"农场"之一。但是,与位于蒙彼利埃附近瓦萨尔(Vassal)的法国农业研究院相比,它还是要逊色一些(令人警惕的是,写这本书时,蒙彼利埃已经快失去其葡萄酒大生产区的地位了)。瓦萨尔有着地球上最令人震撼的葡萄收藏,品种多达4370余种。大部分(大约4000种)是被分类为葡萄的栽培品种;其他是杂交品种、野生葡萄品种和砧木。

据估计,世界上欧亚葡萄品种约有6000~10000种,而这些收藏机构储藏并保存了一半以上。研究者们可以接触到这么大范围的品种,再加上DNA测序技术的巨大进步,使得我们对葡萄品种之间相互关系的了解在过去5年里出现了革命。使用新的基因技术,人们对两个关于葡萄的问题进行了研究:人工栽培葡萄品种的直接祖先或近亲是什么?以及每个品种的来源。

每一个问题都有它自身的复杂性。比如,法国和美国收藏的大部分栽培品种似乎最终都能追溯到年代相当近的祖先品系。但是,这一祖先也许并不是真正生产最早葡萄酒的葡萄树。此外,葡萄树谱系中不断进行的杂交,也使谱系关系的追溯变得复杂。当发生这种情况时,家谱中的关系开始看起来非常混乱庞杂。幸运的是,一旦确定了一种栽培品系,它通常是通过克隆或嫁接(从而去除了杂交带来的某种极端混乱)来传播的,而在过去的一个世纪里,进

葡萄酒的自然史

行葡萄栽培品种多种杂交的栽培者,也对他们的工作进行了记录。

　　至少从原则上来说,使用多种基因和方法的基因研究,可以确定葡萄的野生祖先,以及无数葡萄品系是如何相互关联的。在21世纪初引入了更快的基因测序技术后,揭示葡萄祖先的国际竞赛开始了。由于葡萄酒与欧洲有着密切的关联,一些欧盟的实验室竞相去确定葡萄属最亲近的野生亲戚。(用人类打比方的话,这就相当于你向一家在网上找到的家谱公司询问你远在美索不达米亚时期的祖先)。

　　一开始,实验室会研究书面材料和使用老式的侦探方法。当这一路径没什么用,书面材料到达一个死胡同时,它们会使用现

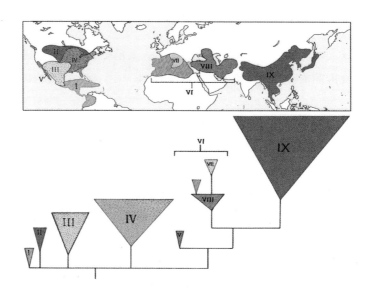

根据泽卡等的《野生葡萄的进化模式》重新绘制和修改

野生葡萄品系发展史。每个三角代表着所示的世界地理区域。每个大三角都由一些葡萄品系组成,它们通过共同的祖先相互关联。没有标签的三角指的是来自北美的葡萄树。

代基因方法。由于记载最多杂交产生葡萄品种的书面记录在百年前左右消失，DNA 侦探进入。葡萄酒研究者们使用 DNA 测序方法，将家谱问题作为了解开花植物家谱的更大工程的一部分进行研究。

德国的多萝西·特罗德尔（Dorothee Tröndle）及其同事以及意大利的乔万尼·泽卡（Giovanni Zecca）和其同事进行了重合的分析，他们分别检测了葡萄属 60 个物种中的近一半，以及一些密切相关的属。在更细节的层面上，由西班牙的何塞·米格尔·马提耐兹·扎帕特（José Miguel Martínez Zapater）、法国的瓦莉丽·洛库（Valérie Laucou）和美国的肖恩·迈尔斯（Sean Myles）领导的团队都通过检测欧洲葡萄栽培品种和野生亚种新增品种，分析了许多野生和栽培葡萄品系之间的关系。

泽卡和特罗德尔的研究得出了基本一致的结论。欧洲酿酒葡萄与亚洲葡萄属物种最为接近，可以被划为一类，而北美葡萄属则单列一类。（令人奇怪的是，很少有南美葡萄，那里大部分的葡萄科都属于白粉藤属。）而且，当使用基因来观察葡萄属的那些葡萄间的关系时，可以清晰地看出，它们都来自同一祖先，这证实了传统分类的正确。所以我们可以立即做出的判断是，亚洲和欧洲葡萄是密切相关的。泽卡的研究还有两个发现。首先，它确认了亚洲葡萄属的一个小的子集与所有北美葡萄属都有密切关系，意味着北美葡萄属是从这一子集异化而来。因此，亚洲对于理解葡萄属的趋异是非常重要的。研究还证明，三个大陆间有相当大程度的物种杂交，研究者们认为葡萄的进化曾经并将继续是个流动的过程。

物种间的生殖隔离包括结束它们之间有意义的基因接触。这意味着某一谱系发生的变异不应该出现在其他谱系，因此变异可以作为该谱系成员共同祖先的标志。当然，同样的变异过程也会

葡萄酒的自然史

发生在其他的谱系,每一个谱系都累积出可以确认的独特的变异组群。但正如我们所看到的,物种和物种之间也许在生殖隔离的程度上有所不同,这在许多葡萄属物种中尤为明显。也就是说,生殖隔离在葡萄属新谱系出现分支时并没有完成。但是,隔离确实导致了不同的谱系,足以从解剖的角度来确认为独立物种。

关键的问题是,自从葡萄树开始人工栽培,产生了大量葡萄属栽培品种和变种,那么,与之最亲密的非酿酒葡萄物种是什么?扎帕特团队得出的结论是,野生葡萄中的野生亚种是所有葡萄栽培品种的近亲。由于野生亚种在整个欧洲都有发现,西班牙研究者们试图确定哪个欧洲野生新增品种是所有现代酿酒葡萄的最初栽培品种。正如我们已经讲过的,考古证据显示,葡萄酒酿造很可能开始于高加索的某个地区,或者在附近的安纳托利亚(Anatolia);而基因分析也已证实相关葡萄的高加索-近东起源。但它也指出,第二种可能的发源地是西欧。作为骄傲的西班牙人,扎帕特团队因此得出结论,在伊比利亚半岛(Iberias Peninsula)生长的70%的栽培品种,都是野生亚种的后代。

但是,在采纳这一理论之前,我们必须注意到一个由帕特莱斯·蒂斯(Patrice This)所领导的法国团队,它曾质疑过西班牙团队的结论。蒂斯和他的同事分析,这些推定为所有酿酒葡萄的西班牙祖先是否是"从未经过人工栽培的纯正野生亚种个体,还是从葡萄园'逃离的'个体,或者是野生亚种与栽培品种杂交的个体"。他们提出,使用植物基因分型测试(很像用于法庭证据的亲子鉴定),研究者们可以回答这一问题。相应地,同样来自法国的瓦莱丽·洛库和她的同事改变了研究重点,从确定葡萄酒的祖先转为揭示不同葡萄品种之间的关系。他们使用了一种被称为微随体分析的方法,对瓦萨尔收藏的4370种葡萄品种进行评估,其中约2300种为栽培品种。他们的数据组还包括野生品种、杂交品种和砧木品种。

他们使用 DNA 指纹鉴定技术，就像电视破案剧《犯罪现场调查》（*CSI*）和《嗜血法医》（*Dexter*）中使用这种方法来确定一个人是否出现在犯罪现场一样。

DNA 指纹鉴定是比较简单的方法，有一点像数斑马身上的条纹或人手指上的螺纹。在生物基因组中，存在着通常是无损的一些变化，其中某个特别小的序列（2~6 个核苷酸）被重复了很多次。所以，比如，在某一个体中，某个具体的基因区域很可能嵌有 ATATATATATATATATATATAT 序列（AT 被重复了 11 次）。在同一族群的另一个个体，相应的区域也许序列是 ATATATATATATATATATATATATATATAT（AT 被重复了 15 次）。这种重复可以被隔离出来，使用 DNA 排序机器，根据其大小或重

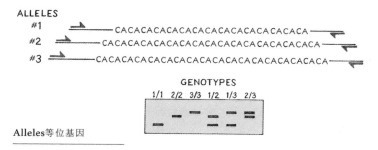

Alleles 等位基因

微随体系统的动态图。微随体 1 中 CA 重复了 15 次，2 重复了 17 次，3 重复了 19 次。由于有三种不同的大小，当使用凝胶将片断分隔后，就会出现三种不同的带，每一种带代表不同的片断（重复次数 15、17 和 19）。将来自某一种群的植物用根据大小来分隔片断的凝胶分析，可能存在图中所示的 6 种不同的基因型。

复的数量，将它们标记为带或条。这些带的位置与基因中 DNA 的重复数量相对应。据估计，大部分真核基因组中有上千个这些微小而重复的"微随体"（microsatellites）区域，它们代代之间迅速变化，所以即使是非常亲近的个体，也有很多不同。

如果分析四种葡萄树的一些微随体区域，每个个体极有可能有
自己独特的模式，这是为什么微随体模式被称为指纹的原因。尽管
这是对微随体实际分析过程的极度简化，但通过计算不同个体之
间相同的带数，研究者通常可以确定哪些个体是近亲，而哪些不是。

微随体的一个问题在于，它们需要被随机选择，以确保分析出
来的结果足够客观，它们需要在 DNA 链（染色体）中尽量远离。要
做到这一点的最好办法，是使用不同染色体的微随体。如果只使
用两个微随体，任意四个个体拥有独特条状模式的可能性是很低
的，对于整个种群或物种来说则根本不可能。但如果使用五个微
随体，每个个体拥有独特条状模式，或者说指纹的概率就增加了。
从数学角度来说，只需要13个微随体，就能决定任何人类的基因
资料，从而确定一个人类个体。戴维斯加利福利亚大学的科学家

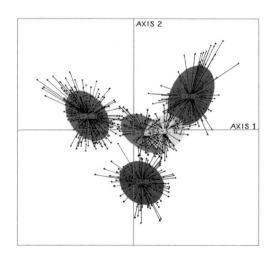

Axis轴，根据迈尔斯的《葡萄的基因结构和栽培历史》重新绘制和修改

对不同葡萄品种的多变量分析。根据野生葡萄种类的种系发展
史，葡萄树不同的地理位置如图用不同的颜色标注。注意，有5个
集群对应从5个有颜色的地理区域收集到的葡萄。

们，在20世纪90年代末期使用葡萄微随体来确定霞多丽、佳美和其他法国栽培品种的起源。这些早期的微随体研究显示，来自法国东北部的品种是皮诺（很多情况下是黑皮诺）葡萄树和中世纪在同一地区广泛种植的白高维斯杂交品种的后代。

在葡萄科基因组于2011年被测序后，将微随体作为相关性指标的应用进一步扩大。基因组使洛库及其同事可以确定更多微随体的特点，使葡萄19个染色体中每一个至少有一组微随体被选择。在进行分析的4370种葡萄中，只有一半以上有独特的特点，这意味着从微随体的角度来说，一些栽培品种和品系其实是相同的，最后剩下2800种独特类型。使用剩下的这些类型，该小组可以确定不同栽培品种之间的相关性。他们使用了统计学方法，将每个个体绘制于一幅图中，使栽培品种之间的相关性一目了然。

微随体类型越像，两个栽培品种在图中的位置就越接近，显示它们有多亲近。这里有两个重要发现。首先，研究者们通过对四类主要葡萄品种（栽培品种、野生品种、杂交品种和砧木品种）中每种葡萄的检测，使得它们基因上的差异更加形象。其次，栽培品种的广泛性，显示出与许多其他作物和林木植物一样的变异性。有了第一组结果后，研究者可以快速地确定葡萄树是栽培品种、砧木、杂交品种还是野生品种。第二个研究表明，多年来葡萄种植者并没有培养出缺乏基因变异的本土品种。这对于葡萄种植者来说是极好的消息，因为任何基因变异程度较低的作物和物种都更容易消失或灭绝。

最近一项与葡萄起源相关的研究来自美国。由那时还在康奈尔大学的肖恩·迈尔斯领导的团队采取了略微不同的基因方法。由于欧洲葡萄基因组已经被测序，可以通过扫描发现不同栽培品种的不同之处。这通常包括单核苷酸变化（因此它们被称为"单核苷酸

葡萄酒的自然史

根据迈尔斯的《葡萄的基因结构和栽培历史》重新修改和绘制

不同葡萄品种间的一级亲缘关系网络。
在这一图中，可能拥有共同父系的品种用线连接了起来。

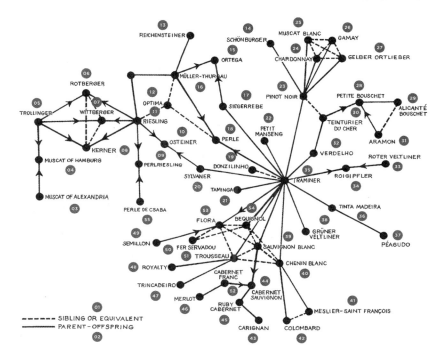

01 / SIBLING OR EQUIVALENT同胞（兄弟姐妹）关系。 02 / PARENT-OFFSPRING亲本-子代。 03 / MUSCAT OF ALEXANDRIA亚历山大麝香。 04 / MUSCAT OF HAMBURG汉堡麝香。 05 / TROLLINGER特罗灵格。 06 / ROTBERGER罗伯爵。 07 / WITTBERGER维特贝格尔。 08 / KERNER肯纳。 09 / PERLRIESLING珍珠雷司令。 10 / OSTEINER欧斯特纳。 11 / RIESLING雷司令。 12 / OPTIMA欧提玛。 13 / REICHENSTEINER雷昌斯坦纳。 14 / SCHÖNBURGER聪伯格。 15 / ORTEGA欧特佳。 16 / MÜLLER-THURGAU米勒-图高。 17 / SIEGERREBE斯格瑞博。 18 / PERLE珍珠。 19 / DONZILINHO白唐泽尼。 20 / SYLVANER西万尼。 21 / TAMINGA塔明嘉。 22 / PETIT MANSENG小芒森。 23 / PINOT NOIR黑皮诺。 24 / CHARDONNAY霞多丽。 25 / MUSCAT BLANC白麝香。 26 / GAMAY佳美。 27 / GELBER ORTLIEBER卡尼班尔。 28 / PETITE BOUSCHET小北塞。 29 / ALICANTÉ BOUSCHET紫北塞。 30 / TEINTURIER DU CHER坦图尔谢尔。 31 / ARAMON阿拉蒙。 32 / VERDELHO华帝露。 33 / ROTER VELTLINER红维特利纳。 34 / ROIGIPFLER红基夫娜。 35 / TRAMINER塔明娜。 36 / TINTA MADEIRA黑莫乐。 37 / PÉAGUDO阿古多。 38/ GRÜNER VELTLINER绿维特利纳。 39 / SAUVIGNON BLANC长相思。 40 / CHENIN BLANC白诗南。 41 / MESLIER-SAINT FRANÇOIS梅利耶圣-佛朗索瓦。 42 / COLOMBARD鸽笼白。 43 / CARIGNAN佳丽酿。 44 / CABERNET SAUVIGNON赤霞珠。 45 / RUBY CABERNET宝石卡本内。 46 / MERLOT梅洛。 47 / TRINCADEIRO特林加岱拉。 48 / ROYALTY王冠。 49 / SEMILLON赛美蓉。 50 / FER SERVADOU费尔莎伐多。 51 / TROUSSEAU特卢梭。 52 / CABERNET FRANC品丽珠。 53 / FLORA芙洛拉。 54 / BEQUIGNOL贝基诺尔。 55 / PERLE DE CSABA 珍珠恰巴。

多态性"或 SNP)，葡萄种群里的任何个体都可以被研究，看其基因组的某个具体位置是否存在 G、A、T 或 C。这一研究是使用微阵列进行的，它是一个令人惊奇的微缩实验室，被安置在只比半美元硬币大一点点的芯片上。

在迈尔斯和其同事的实验过程中，来自栽培品种、砧木、野生品种或杂交品种的 DNA 从葡萄树叶中被提取出来。再使用高频声音将 DNA 斩成小片，把一个荧光的分子连接到每一斩断碎片的末端。这一个单股 DNA 被称为目标 DNA，而微阵列芯片就用来决定它包含哪个单核苷酸多态性（G、A、T 或 C）状态。DNA 并不喜欢变成单股，所以被处理的目标 DNA 碎片会试图在微阵列芯片上寻找最佳序列，并附着于其上。在大部分情况下，每个 DNA 碎片会找到其直接补充，因此通过在微阵列芯片恰当位置上的荧光点，泄露其单核苷酸多态性状态。这一方法也被称为 DNA 再测序，是为许多物种找到大量 DNA 序列的快速方法。

迈尔斯和他的同事使用了大约 9000 个 SNP，覆盖了所有 19 个葡萄染色体。最初，研究者们使用被亲切地称为 "Vitis 9KSNP" 的芯片，分析了大约 950 个栽培品种（451 个鲜食葡萄品种，469 个酿酒葡萄品种和 30 个未知品种）以及 59 种野生亚种。在葡萄属基因组测序时，他们使用 SNP 进行了谱系分析，以确定各种栽培品种之间的关系比其他类别的更为亲近。他们寻找的是类似于父母直系后代一级亲缘关系。这一分析带来了一些令人意想不到的结论。

数据显示，首先，被检测的大约 75% 的栽培品种至少与其他的品种有着一级亲缘关系，说明葡萄栽培品种间的高度相关性。一些栽培品种有着多个一级亲缘关系，使得追踪其谱系十分困难。但即使一级亲缘关系多于一种（事实上，最多有 17 种），说明这一品

葡萄酒的自然史

种在葡萄栽培时被反复使用——这一结果也充分证实了更早一些时候的科学发现，以及口传的葡萄栽培传统。比如，研究者可以在皮诺和白高维斯葡萄间找到 17 种一级亲缘关系，这与 90 年代历史研究得出的 16 种比较接近。同样，霞多丽显示出 7 种一级亲缘关系，这与早期微随体标记研究记录的关系数量完全一致。大部分有着多个一级亲缘关系的葡萄都是鲜食葡萄，说明它们与酿酒葡萄相比，更可能来自杂交。

这个研究小组还可以有把握地推断，他们观察到的半数一级亲缘关系可能是亲本-子代关系，而另一半是"兄弟或类似关系"，从亲近程度上来说是一级亲缘关系的一半。他们提供了一张所有分析过的 950 个栽培品种的图表，显示出葡萄间最有可能的一级亲缘和兄弟或类似关系。在某些情况下，某一特定葡萄品种的起源存在于文字记录或口传，但即使是结合记录和基因信息，许多酿酒葡萄的起源仍然是模糊的。但也许最重要的是，迈尔斯和他的同事绘制了可信的血统登记表，以帮助葡萄种植者了解某一葡萄的发源地。

他们从基因数据中获得的一些重要的关系包括，"白诗南和长相思很可能是兄弟，它们与塔明娜是父子关系……以及……法国罗纳河两种最常见的栽培品种维欧尼和西拉，极有可能是兄弟"。第二个观察是非常有用的，因为这两个葡萄栽培品种一个酿造白葡萄酒，另一个则产红葡萄酒。迈尔斯及其同事清晰地总结了他们关于栽培品种关系的研究结果，指出"这些观察结果表示，葡萄栽培被严格限定在相对小范围的栽培品种中，酿酒葡萄中仅有一小部分基因组合被探索过"。还有许多可以做的。

尽管这一研究的总体目标是确定 USDA 葡萄树收藏中所有栽培和新增品种的特征，这一团队也研究了野生祖先的问题。使用洛

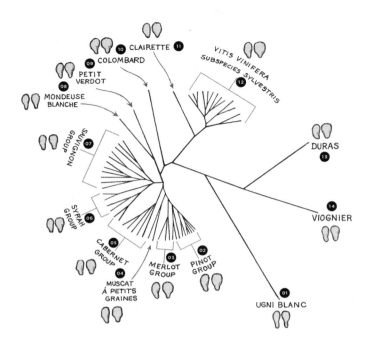

根据特拉尔等所著的《葡萄树（欧洲葡萄）的进化
和栽培历史》重新绘制和修改

基于葡萄种子形态绘制的谱系图。不同葡萄品种
的种子被收集起来，依照尺寸和形状进行分类和
研究，然后对这些数据进行相似度评估。这里的
谱系图代表着不同品种种子的相似性。

库团队也倾向的图表方法，迈尔斯及其团队清楚地表示，他们所检
测的所有葡萄栽培品种都起源于近东——所以阿列尼是葡萄酒诞
生地的说法是正确的，至少在以这一论断为基础的情况下。但是，
当他们扩展开来，研究来自亚美尼亚、阿塞拜疆、塔吉斯坦、格鲁
吉亚、巴基斯坦、土库曼斯坦和土耳其的野生葡萄时，他们不能确
定所有葡萄栽培品种祖先的起源——很有可能是因为在过去几千
年里，西亚野生葡萄品种并没有产生足够的差异性，来使它们的特
征被准确定义。

葡萄酒的自然史

因此，使用基因分析能够极大地帮助我们揭示葡萄栽培品种之间的关系。最近对种子解剖的研究，也产生了与分子研究基本相同的结果。（科学家们总是很喜欢不同种类的数据重合的情况。）通过对比瓦萨尔收藏中野生和栽培品种的种子形态，让-弗莱德里克·特拉尔（Jean-Frédéric Terral）和他的同事们得出了关于酿酒葡萄品种起源的一些惊人结论，他们使用的统计方法与微随体研究使用的相似。两个品种在图表中越接近，它们的种子就越相似，从常理上推断，它们也就更具相关性。被分析的野生葡萄种子的形态与现代克莱雷品种关系非常接近，后者是一种今天在法国南部地区广泛种植的不太出名的葡萄。更进一步的分析还显示，同样不知名的白梦杜斯品种(今天基本只种植在法国东部的萨瓦地区)和野生葡萄品种有某种联系。展示这些数据的直观方法，就是使用分支图，就像左图中展示的那样，许多今天广为人知的葡萄栽培品种仍然"挂在一起"。同样，克莱雷品种与野生品种的关系似乎是最近的，特拉尔及其同事还认为，"如果这一品种的存在被新数据证实，比如目前的考古调查，'克莱雷'就是最早的栽培品种之一"。

特拉尔的团队通过检测被良好保存的考古种子来论证自己的假设，把种子形状作为"指纹"，以考证哪些考古物种的栽培或野生品种最为相似。他们对在法国蒙比利埃附近考古点找到的50枚古代种子进行了研究，这些种子的时期在公元75—150年，最后发现可以对其中34个进行分类。其中，他们发现了10枚野生葡萄种子，8枚梅洛组种子，6枚克莱雷组种子，6枚白梦杜斯组种子，赤霞珠组和麝香组各2枚。明显，在公元纪年开始后不久，法国南部的古代居民不仅已开始使用克莱雷和白梦杜斯品种，还使用一些今天的人们更为熟悉的品种。最后，通过对比目前法国南部朗格多克地区生长的葡萄种子与当地考古发掘出的古代种子，该小组得出结论，认为朗格多克是2000年以前酿酒葡萄密集栽培的中心，这一发现支持了历史记录。

1　指的是从原始的一般种类演变至多种多样、各自适应于独特
　　生活方式的专门物种的过程

YEASTY FEASTS
Wine and Microbes

酵母的盛宴
葡萄酒和微生物

Chapter 05

2012
Central Coast
Chardonnay
WILD FERMENT
produced & bottled by
BROADSIDE
Arroyo Grande, California

alc. 13.5 % by vol.............................750 ml.

　　瓶子上的标签写着"野生酵母"。最近互联网
热议是否真的存在着野生酵母发酵,熟知这一争
论的我们,很想知道瓶子里面的葡萄酒到底是什
么样子的。至少,我们认为,在没有添加商业酵母
和酒窖干预最少的情况下,这瓶葡萄酒应该体现
一种风土(地方的精神),这种风土在加利福尼亚
的廉价霞多丽中常常缺失。尽管我们知道自己的
品尝试验是无节制的,我们的期望还是得到了
满足:这瓶酒清爽、单薄、有酸度,避免了许多
同类酒中过度的水果味。

葡萄酒的自然史

基于第四章描述的那些研究成果,科学家们对葡萄栽培品种的起源及其相互关系的了解更加深入。这一努力是重要的,因为栽培葡萄的历史与葡萄酒的历史密切相关。而且,知道哪些栽培品种更为亲近,在将来培育葡萄树砧木时十分重要。

但是葡萄酒化学成分的复杂性并不仅仅来自葡萄,还来自酵母。我们现在就来聊聊这种奇特的生物。酵母并没有像葡萄那样曲折的进化历史,但其故事同样吸引人。事实上,许多我们刚刚针对葡萄提出的问题,也适用于酵母,而且至少其中的一部分已经得到了解答。这些问题包括:哪些野生酵母品种是葡萄酒制作中所使用的酵母的起源,而这一"葡萄酒酵母之母"又来自哪里?

酵母是真菌。但与我们更为熟悉的蘑菇不同,它们并不像蘑菇那样简单地用外形来区分,主要是因为其毫无特色的解剖结构——它们非常小,需要通过显微镜来观察。酿酒使用的酵母来自单一科,名字冗长,叫作酵母(Saccharomycetaceae)。这一科包括几千个品种,但其中一个非常特别的叫酿酒酵母(*Saccharomyces cerevisiae*),对于酿酒非常关键。这一酵母品种既进行有性繁殖,也进行无性繁殖。当无性繁殖时,每个细胞"芽"长出非常像水滴的子细胞,前者向后者转移一个复制的核子。

在充斥着糖之类的碳水化合物的环境中,芽殖酵母十分常见。与使用养分和阳光来产生能量的植物不同,真菌需要碳水化合物这样的养分来产生能量。即便如此,酵母是很充足的,由于它们可以在实验室内轻松培养,一直是科学密切研究的对象——理应如此,因为酿酒(以及烤面包和生产啤酒)中使用的酵母,是这个星球上最重要的培育物种之一。科学家喜欢酿酒酵母,因为它是绝佳的基因生物模板。它生长迅速,可以在实验室很容易地培育出来，当然，它与葡萄和人一样，是真核生物。正因为这样，在学习蛋白质如何互动，以及基因在这些互动中如何表现时，它非常有用。

当全基因组测序在 20 世纪 90 年代流行起来时，酿酒酵母成为测序的最佳候选对象。事实上，它成为第一个被全基因组测序的真核生物，那是在 1996 年，就在第一个独立生存的生物，一种叫作嗜血杆菌流感的细菌被全基因组测序之后。随后，这一酵母科大约二十多种其他物种的基因组也被测序。

由于真菌是单细胞生物，它们也许初看起来非常无聊。但当我们审视一下即使是这样简单的生物也可以采纳的生活方式，一系列令人诧异的物种序列和进化模式出现了。为了阐释这一现象，我们只需要审视自己的日常生活就可以了。我们每天都要吃使用菌类生产出来的食物。（有时候食物自己就是菌类，比如蘑菇和松露。）真菌还会导致令我们最为难受的一些疾病，还有某些小病，比如脚气。一些真菌甚至可以成为兴奋剂的来源：在 150 多个菌类物种中都能找到的裸盖菇碱化合物，就是因为其具有迷幻效果而著名。

目前对真菌进化树的理解，是许多研究者协作进行的，这个团队由杜克大学的里塔斯·维尔加里斯（Rytas Vilgalys）领导。这些科学家们关注每类被检测真菌的 6 个基因，使用这些基因的 DNA 测序来为 200 种左右较为常见的真菌物种构建谱系树。这一谱系树证实了对真菌相互关系的大部分已有认知，同时也首次明确了一些新族群的位置。但是，这仍只是个开始。现在被正式定义为真菌物种的生物达 10 万种左右，一些研究者则认为真菌可能有 150 万~500 万种。如果这一数字听起来不大可能，那么请记

Yeasts Used in Winemaking
酿酒中使用的酵母

Phylum 门	Order 目	Family 科	Genus 属
子囊菌	酵母	酵母	有孢汉逊酵母
子囊菌	酵母	酵母	酿酒酵母
子囊菌	酵母	酵母	假丝酵母
子囊菌	酵母	酵母	毕赤酵母
子囊菌	酵母	酵母	克鲁维酵母
子囊菌	酵母	酵母	有孢圆酵母
子囊菌	酵母	酵母	异酒香酵母
子囊菌	酵母	酵母	酒香酵母
子囊菌	酵母	酵母	克勒克酵母
子囊菌	酵母	梅奇酵母	梅奇酵母
担子菌	银耳	银耳	隐球菌
担子菌	担孢	担孢	红酵母

住,尽管被核实的细菌种类只有7000种,许多科学家认为至少有1000万到1亿种细菌存在!

真菌的进化树告诉我们,主要有两大类真菌,还有一些"孤独的"族群。后者值得我们关注,因为它们新奇、独立,但是不具代表性。两大主要真菌是担子菌门(如马勃、蘑菇、鬼笔科)和子囊菌门,后者包括对酿酒很重要的真菌。它们在繁殖方式上具有本质的不同。尽管酿酒使用的真菌主要是子囊菌门里的酿酒酵母,还是有一些其他的真菌会影响葡萄酒生产,有的是积极的,有的则是消极的。上表列出了酿酒必然接触到的十几种真菌,并进行了分类,这些都是酿酒师必须关注的。这些酵母种类在发酵过程中都会起到某种作用。注意,其中的大部分都是属于酵母科的子囊菌类。但是一些担子菌门在酿酒过程中也会发挥作用。

就像葡萄那样,如果没有明确酿酒使用的酵母品种的起源,就不能终结酵母的故事。到 2005 年，只有一小部分酵母种类在基因层面上被检测，以了解其变异情况。今天，酵母基因组测序不到一天就可完成，而且费用比第一个酵母基因组测序时要少很多。因此，研究者们目前分析了几百个酵母品种，以探寻对烤面包与酿酒起到关键作用的野生酵母最为接近的酵母品类。研究这一课题的研究者们称那些培育的品种为"捕获酵母"。在这一方面有所帮助的是一些中央储存库的存在，那里储存有酿酒酵母各个品种及其近亲。其中，最大规模之一的储存中心在英国，位于诺维奇的食物资源研究院，那里储存了 4000 多个品种。

确定酵母祖先的方法与寻找葡萄树祖先的方法相似，是将最亲近的野生品种和亚种作为研究方向。针对酵母，首先要描述一种被称之为奇异酵母的品种的特征，选择它是因为它能够"逃跑捕获"，可以作为基线，确定酿酒酵母如果没有"捕获"会变成什

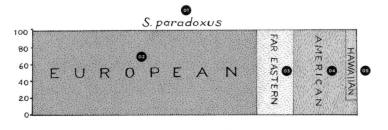

根据《培养酵母和野生酵母的组成基因》一书重新绘制和修改。

奇异酵母的基因结构。个体品种用柱状来表示。这一图表用不同的颜色表明与酵母种类有关的地区。比如，最左边的品种可以被确认为100%来自欧洲，而最右则是80%来自夏威夷，20%来自美洲。这些品种的基因结构与地理高度重合。

么样。由于酵母来源广泛——如葡萄园、清酒厂、医用样品以及水果或树木分泌液这样的自然来源——研究者们需要检测酿酒酵母的种群结构。他们最重要的发现是，清酒酵母和葡萄酒酵母差异

*

01 / S. PARADOXUS
奇异酵母

02 / EUROPEAN
欧洲

03 / FAR EASTERN
远东

04 / AMERICAN
美洲

05 / HAWAIIAN
夏威夷

06 / S. CEREVISIAE
酿酒酵母

07 / MALAYSIAN
马来西亚

08 / SAKE 清酒

09 / NORTH
AMERICA 北美

10 / WEST
AFRICAN 西非

11 / MOSAICS
马赛克

12 / WINE /
EUROPEAN
葡萄酒 / 欧洲

葡萄酒的自然史

116

明显，表明它们在最初使用时，已被明确界定用来发酵相应的酒精饮品。这也显示了在俘获相应的酵母种类时，运用人类创造力（或运气）的两个不同例子。

英国的一个研究团队在全基因测序中采用了更多样品，进一步印证了分析结果。即使奇异酵母和酿酒酵母有着相似的形态，在基因组根据广泛地理范围检测时，它们显得截然不同。在确认了哪些野生种群的基因在哪一地理区域最为典型后，英国科学家们使用了一种被称为结构分析的方法，来确定不同种群间有多"混合"。他们给每一地理基因设立了一种颜色，然后确定每个地区酵母种群的光谱特点。比如，代表欧洲的奇异酵母基因被定为蓝色，亚洲为黄色，美洲为红色，最能代表欧洲的为蓝色，而混合起源的

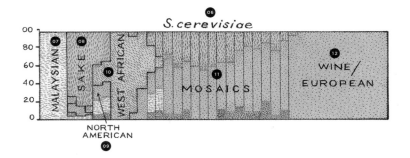

根据《培养酵母和野生酵母的组成基因》一书重新绘制和修改。

酿酒酵母的基因结构。单一品种通过柱状表现。这一图示将与不同酵母种类相关的地区标注了不同颜色。比如，在中间的品种拥有多种可能的地理起源，而在最右的可能代表着100%来自欧洲（葡萄酒），最左边的就是清酒、北美和马来西亚。图表中间，几乎没有基于地理的基因结构。

个体要么是黄色，要么是红色。研究者发现，奇异酵母在结构分析中显示出较为严格的颜色，意味着不同地理区域间基因交流和混合很少。基因学家称之为"高度结构性"模式。

相比之下，酿酒酵母展示出"非结构性"模式，意味着广泛的混合。这种多色模式表明，存在诸多非自然的基因操控，这正是我们从捕获的生物体中所期望的，比如培养酵母所应该具备的特点。同一分析还显示，一旦某种酵母被确定为用于酿酒，它就被高度同质化。这里有一个结论：不要试图改变自然进程——如果某种酵母可以制作好酒，不要去改变它。

英国研究者们还仔细研究了"葡萄酒酵母之母"的起源。他们使用基因组测序信息，为酿酒使用的酵母制作谱系图。这一谱系图确认了早前使用更少基因得出的清酒酵母和葡萄酒酵母的不同，但也显示出所有"捕获酵母"与酿造葡萄酒所使用酵母之间的相关性。显然，由谱系图的复杂程度可以判断：酵母的发展不仅仅经历了一两次的培育，而是人类将不同品种不断进行杂交的结果。

*

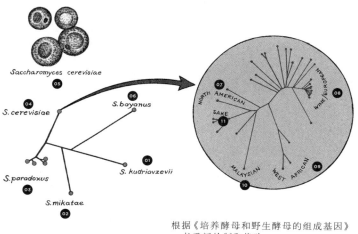

01 / S. KUDRIAV-
ZEVII 库德里
阿兹威酵母

02 / S. MIKATAE
麦卡特酵母

03 / S. PARADOXUS
奇异酵母

04 / S. CEREVSIAE
酿酒酵母

05 / SACCHAROM-
YCES CERE-
VIASE
酿酒酵母

06 / S.BAYANUS
贝酵母

07 / NORTH
AMERICAN 北美

08 / WINE 葡萄酒
EUROPEAN
欧洲

09 / WEST
AFRICAN 西非

10 / MALAYSIAN
马来西亚

11 / SAKE 清酒

根据《培养酵母和野生酵母的组成基因》一书重新绘制和修改。

葡萄酒酵母种系发生图。这一图表的左下显示了与酿酒酵母最为亲近的酵母品种。右边较大的进化树是酿酒酵母部分的扩大版。

葡萄酒的自然史

✦ ✦ ✦

但是，酿酒酵母并不只是人类的玩物。琥珀中保存的标本证实，这一酵母品种在 3000 万年前就存在了，很可能在人类出现并将之为己所用之前，就能使成熟的水果发酵。更重要的是，人类并不是唯一与酿酒酵母产生亲密互动关系的动物物种。尽管很小，这些微型生物并不仅仅飘浮于空中，守株待兔般等待一串葡萄的到来。它们需要通过动物中介来传播。2012 年，意大利的达西奥·卡瓦里埃利（Duccio Cavalieri）和他的同事进行了有一项创造性的基因研究，认为捕食的黄边胡蜂（欧洲马蜂）在酿酒酵母的生命周期中扮演了重要的角色。

人们早已知道，酿酒酵母在每个春季会重新寄生在生长中的葡萄串上，冬天却并不在葡萄树上过冬。那么当它们不在葡萄上时，它们在哪儿，它们又如何到葡萄上的？卡瓦里埃利和他的团队在黄边胡蜂的内脏中发现，那里通常会隐藏着一些不同种类的酵母，但只有酿酒酵母每次都能被找到。使用微随体和一系列基因位点分析显示，当地胡蜂是酿酒葡萄典型品种的栖息地，它们很明显有着漫长的相互依存关系。在成年胡蜂通过反刍已经在其内脏中消化的昆虫来喂食幼虫时，将酿酒酵母传给下一代。当幼虫变态长成成虫，可以飞行寻找食物后，它们使用强壮的嘴部器官来戳穿葡萄表皮，以汲取里面的糖分。当它们这样做的时候，就给葡萄天然接种了酿酒师们倾向于选择的酵母种类。这样，酵母迅速开始它们的发酵工作，尽管这并不一定会使酿酒师们高兴。

我们还远没有说完在酿酒过程中涉及的各种微生物，因为囊括的物种数量巨大，最好的方法就是将所有的物种视为同一生态社区的成员，每个成员都辛勤地在酿酒工作中各司其职。在下一章我们将讨论它们与许多其他生物共同参与的复杂生态舞蹈。但在这里，我们将关注这个生态社区作为整体的表现，即使我们还不能完全确定它们中的每一个在酿酒过程中所发挥的作用。

如果你从葡萄树上摘下一颗葡萄，或者甚至是取一勺葡萄树生长的土壤，你会发现几百万个生物。一些体型较大的，比如土壤里的线虫；但是还有一些极为微小的，从技术角度来说无生命的实体，它们被称为细菌。这一勺土壤中的大部分生物是微生物，由真菌、古菌、原生生物还有很多细菌组成。为什么这些微生物会在这里？它们在干什么，我们怎么观察它们？现代微生物生态学创始人之一罗伯特·提埃杰（Robert Tiedje）曾经引用过一个伦敦学生对微生物土壤群的描述，他将土壤比为一个城市："用人的尺寸来比较的话，土壤对于细菌来说，相当于一个30千米高、摇摇欲坠的、黑色的银翼杀手那样的城市，洪水泛滥，垃圾遍地，还有各种各样朴素的、通风很差的住宅。除了大小不同外，事实上非常像冬天的伦敦。与我们人类城市唯一风光不同的是，在根部上端有着代谢之火，燃料在虫子内部以及随虫子而生，在根部和土壤生物死去后，为一些热带群体创造了巨大的机会。"

这是对于我们周围微生物层面相互作用的绝佳比喻。各种物种间存在着各种各样的相互作用。如果没有这些不断进行的、不能被认识的、存在于我们身体中的生命，我们或任何大的生物都不能运行。在人身上找到的所有DNA中，90%以上不是我们自己的，而是来自于我们身上的微生物——没有它们，我们会陷入大麻烦。

葡萄酒的自然史

INTERACTIONS

—— Ecology in the Vineyard ——
and the Winery

互 动

葡萄园和酒庄里的生态

最近，在初夏的一天早上，我们有幸拜访了
加利福尼亚北部亚历山大谷的几个酒庄，那里
是美国最好的葡萄种植区之一。阳光明媚，天空
清澈，暖风吹过山谷。我们坐在一排排葡萄树旁，
品尝当地产的赤霞珠，看着微风拂过消失于天
际的葡萄藤上闪闪发光的叶子。我们这些慵懒
的观察者欣赏着这牧歌般的场景，但我们中间
的生物学家，还看到了性与死亡。

葡萄酒的自然史

/ INTERACTIONS
/ Ecology in the Vineyard
and the Winery

生态学和演化学可以被定义为对自然界中性与死亡的研究。尽管这两个领域作为科学的学科来说还很年轻，但其中蕴含的精神却非常古老。亚里士多德和希波克拉底都对周边的自然世界进行了描述，他们都注意到，正是由于其中发生的互动，我们的世界才被编织在一起，才有了意义。公元前4世纪，亚里士多德的学生泰奥弗拉斯托斯曾大量描写过植物，并具体阐释了应该如何理解它们。他的著作《植物志》的开篇颇有预见性地明确阐述了自己的研究方法："我们必须从植物的外部形态，它们在外部环境下的表现，它们的遗传模式及其整个生命历程来理解植物的独特个性和总体特征。"泰奥弗拉斯托斯说的，是用生态进化的方法来了解植物，最终，他重点研究了葡萄及其他水果，其成果体现在一本短小的著作《论葡萄酒和橄榄油》中。其中，他讨论了水果（特别是酿酒葡萄）在特定环境条件下的成熟情况，特别是光照和温度的影响。

为什么生物学家这么执迷于探究自然世界的性与死亡？这并不奇怪——那正是生态和进化领域内最活跃的范畴。进化生物学家通常用"生活史（life history）"一词来指代生物进化到可以成功繁殖的方式。他们所了解的每个策略，都携带个体向其族群和物种下一代遗传时所作潜在贡献的参考。这是进化的主要动力，尽管并不是现实世界更替的全部，但它无处不在。一株葡萄树在长出葡萄的过程中要经历几个阶段：破芽、开花、结果、转色、收获、落叶、冬眠。这一生命周期从某种程度上来说是人为的，因为它与自然周期有着极大的不同（后者没有收获果实，而是葡萄与许多食果动物间的互动），但是葡萄树仍然跟着季节的节奏。

但是，生活史并不仅仅涉及生物的发展，或其生命周期。相反，它包括所有对于机体繁殖和个体生存而言重要的特性。第一次繁殖的年龄、繁殖次数，以及最后一次繁殖的年龄，都对研究物种进化成功的生物学家来说十分重要。那么，葡萄树的生活史策略是如何助其成果演化的呢？

◆ ◆ ◆

所有生物需要解决的重要进化问题之一，不管它是细菌还是大象，就是如何制造下一代。即使是病毒这种通常并不认为是活体的东西，也是多产和繁殖迅速的。朊病毒——它是连基因组都没有的蛋白质——都设法大量繁殖。怀着同样的精神，繁殖的需要使葡萄树形成不同的部分。这些植物消耗大部分能量来制造叶子、种子、砧木和果实。为什么？叶子和砧木是很好理解的。它们对于葡萄树的生存十分关键，将太阳光转化为有用的能量，并将养分运送到整个植株。但是关键部分——那些含有种子的葡萄呢？它们也代表着巨大的精力投入，但其在葡萄树上的存在却是出于完全不同的原因。

对于那些可以行走、爬行或滑行的生物，配种方便，繁殖是非常直接的。这些生物四处行动，希望找到另一半可以繁殖后代，但植物不能这样做。雄株通过将其精子打包进又小又轻的被称为花粉的粒子，部分地解决了不能移动的这一问题，并想出了许多方法，确保花粉能够传播。其中最卓越的就是选择那些可以移动的生物，就像酵母利用胡蜂一样。一些植物能够吸引不起疑心的昆虫，来做它们的搬运工；另一些植物则采取了不同的方法，使其种子在空中悬浮，从而可以传播到很远的地方。但是还有一些植物，发展出像狂欢节杂耍一样的策略——半男半女。葡萄树就属于这一类。

这一机制的重要性反映在其独特的创造力上。查尔斯·达尔文在其《不列颠与外国兰花经由昆虫授粉的各种手段（1862）》中这样说道："对它们许多漂亮的发明进行了解后，许多人会对整个植物世界报以掌声。"他接下来解释道，他认为兰花中有着最聪明

葡萄酒的自然史

/ INTERACTIONS
/ Ecology in the Vineyard
and the Winery

发明的是飘唇兰属。这种兰花也被称为"达尔文的蜜蜂陷阱"，花蕊处有个微型机关。当蜜蜂采蜜时，触动机关弹射出携带着花粉的"飞镖"，其速度可达300多厘米／秒。这个"花粉块"飞镖会贴在蜜蜂的背部，在下一次采蜜时被传播到雌性飘唇兰的卵细胞。栽培葡萄树的情况要简单一些，因为它们大部分是雌雄同体的，可以自己授粉。昆虫和风只是偶尔介入。

尽管葡萄树可以在不需要帮助的情况下自己授粉，但它还是需要媒介帮助传播种子。植物的种子可以以几种方式传播。一种就是依附在经过的动物身上。任何经过一片高高草地的人都有这样的经历，他的袜子或裤子上都可能沾有毛刺。这些带有种子的毛刺要么会掉落，要么会被摘掉，很可能会与母株有着相当远的距离，在那里它们会进行繁殖。另一个方法是通过空气来传播种子。蒲公英会将其受精的种子附在毛茸茸的花序上，它们可以在空中飘浮；枫树发展出一套像直升机那种传播种子的机制；而滚草发明了风轮。

也许植物最常用的长距离传播战略，就是使它们含种子的部分被动物吃掉。这一战略显示了葡萄构造三大更为重要的特征——种子外皮厚实，可以抵抗胃酸和其他肠道酶的恶劣环境，这是其被排泄出体外前要经历的；它的颜色可以吸引潜在传播者的注意；它甜美可口的味道。因此，从生物化学的角度来说，葡萄的甜是在演化中需要吸引潜在种子传播者的结果。而外界充满了竞争——许多植物都设计出这种办法来传播种子，季节也差不多。所以，葡萄的果实需要既吸引眼球，又尽可能好吃。

这也许可以解释为什么葡萄通常是红色的。最近的试验证明，至少对于鸟类来说，比起蓝色、黄色、绿色或黑色，它们更喜欢红色。研究者将新孵出的小鸟从窝中移出，隔离喂养，然后给它们提供不同颜色的物品，以证实这一倾向。这些小鸟表现出对红色物体的明显偏爱。葡萄树通过产生花青素，使其表皮和果肉呈红色。花青素是体积较大的分子，属于类黄酮。在食品行业，花青素被用来制作染色剂。而且花青素还有一个额外的优点，那就是抗氧化作用，这一点常被健康倡导者吹捧，认为它有助于抵消因自由基抢夺电子而对机体造成的损害。(现在，对于抗氧化剂到底是否对健康有益，仍有一个中等大小的问号，但红酒中的化合物——也就是被称为白藜芦醇的酚类——可能对心血管有一定的好处。)

　　科学家们研究产生花青素的分子行动轨迹已经很长时间了。这一反应链包括许多蛋白质，每一个都在塑造花青素的结构中起到特定作用。在过去的10年里，科学家还研究了控制所有这些活动的基因。 一旦某个负责机体特性（比如葡萄的红色）的基因出现，就会进行两个程序中的一个。如果某个基因可以产生某种蛋白质，对该特性有着直接的、物理的影响，这样它就被称为"结构基因"。或者它可以像一个阀门，调节相关蛋白质的产生。这种基因被称为"调控因子"或者"转录因子"，因为它控制产生蛋白质的数量，以及何时何地产生。通过研究整个葡萄基因组，葡萄牙的科学家们确定，葡萄成色中共有10个结构基因和5个调控因子参与，这种复杂性可以解释葡萄酒着色和颜色密度的极大丰富性。

　　在最近的研究中，令人惊讶的发现之一是，结构基因在相关的生物体间并没有太大差异，有时甚至在产生与之相关的特点时并不活跃。相反，是调控因子在做很多不那么令人愉快的事情，并带来了我们在自然界看到的多元性。葡萄颜色也不例外。葡萄中控制花青素产生的主要基因是 Myb、Myc 和 WD40。日本研究者发现，甲州"粉色葡萄"颜色浅是因为 Myb 基因的缺陷导致了花青素产量的降低。在甲州葡萄的 Myb 基因里，一个基因有两个小小的额

葡萄酒的自然史

/ INTERACTIONS
/ Ecology in the Vineyard
and the Winery

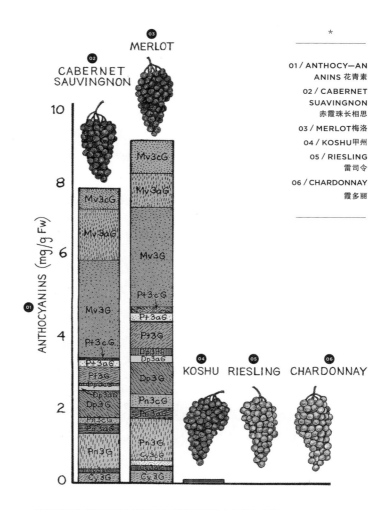

01 / ANTHOCY—AN
ANINS 花青素

02 / CABERNET
SUAVIGNON
赤霞珠长相思

03 / MERLOT梅洛

04 / KOSHU甲州

05 / RIESLING
雷司令

06 / CHARDONNAY
霞多丽

根据《颜色调控因子的短期介入导致葡萄果实呈粉红色》
一书重新绘制并修改。

赤霞珠长相思和梅洛的花青素成分分析。花青素的数量和种类显示
在图中的柱内。同样在图中展示的还有甲州、雷司令和霞多丽；后两
者花青素极少，而甲州只有一些。"Mv""Pt""Dp""Pn"和"Cy"是
在这些葡萄酒中找到的不同种类花青素的简写。

外的域（DNA核苷酸44和111），这一转变明显降低了葡萄表皮中
花青素的含量。

正如我们在前面提到的，还没有人能生产出可以酿造好葡萄
酒的无籽葡萄。因此，葡萄籽必然含有浓郁的葡萄酒复杂成分中
的一种关键因素。但是，葡萄种子还是给酿酒者们带来了一点悖论。
一方面，它们在野生葡萄树繁殖成功中十分关键，它们的存在也与
好酒相关。但是它们却是酒庄中的废品。葡萄果实的生长是用来
吸引动物的，它们会把果子吃掉并排出种子，但如果种子被消化，
就不可能被传播。在动物把种子从树上带走后，需要它们排出完整
的种子。因此，葡萄的种子，事实上那些使用这一传播模式的所有
植物，都需要厚厚的种衣来保护它们在大型动物咀嚼和消化后仍
然存活。这些种衣使葡萄种子坚硬，同时作为防御，它们也含有一
些不那么好吃的化学物质，使得吃掉水果的动物不愿品尝。这当
然也会成为酿酒师的烦恼。

葡萄籽，正如我们在第四章看到的那样，由一层种皮、一个胚
乳，还有一个居于中间的胚胎组成。种皮就像一层铠甲，在消化这
一危险旅程中起保护作用，而胚胎是种子珍贵的货物。作为中介
的胚乳多肉，为胚胎提供营养，直到种子开始发芽。这三层都含有
不那么美味的多酚类物质，几乎占到种子分量的10%。但还有许
多其他的化合物，其中一些是有毒的，但不是所有的都有毒。事实
上，葡萄籽提取物是否利于健康，这一点颇具争议。但葡萄籽油是
非常好的烹饪介质，因为它的燃点很高。

葡萄与吃掉它们的传播者之间的关系是很容易观察的。这是
为什么大部分关于生物间关联的初始思考，都是肉眼可以辨识的
动物和植物之间的。但科学家开始观察传染病中微生物的角色已

葡萄酒的自然史

/ INTERACTIONS
/ Ecology in the Vineyard
and the Winery

经有一段时间了。研究导致疾病的微生物，是促进人类健康的重要一步。但这仅仅是故事的一部分。20 世纪初，有两位微生物学家马丁努斯·贝耶林克（Martinus Beijerinck）和塞格伊·维诺格拉德斯基（Sergei Ogradsky）认识到，微生物无处不在，它们不仅仅导致疾病，还影响了许多自然进程。维诺格拉德斯基第一个认识到微生物是土壤富含氮的主要原因。贝耶林克则是最早掌握农业上非常重要的细菌和植物生态中细菌的培养方式的科学家之一。多年来，对这一新兴学科感兴趣的科学家们仍然做着他们每天的工作，可以这么说，他们把研究微生物生态作为副业。但是了解得越多，就越知道微生物在我们的日常生活行为中的角色有多么重要。我们每个人都充满微生物，它们对我们身体的无数进程至为关键。

研究微生物的主要困难在于，它们太小了，只能通过高倍显微镜来观察。直到过去的 10 年，因为单一细菌细胞中 DNA 和蛋白质体积太小，微生物生态学家仍难以使用现有设备进行研究。这些科学家不得不使用环境样本来培育微生物，他们研究的只是那些可以在实验室生长的东西。比如，如果研究者们想研究葡萄上的微生物，他们就使用水溶液或稀释盐溶液来清洗葡萄，然后用洗后的水来培育微生物。问题在于，许多微生物物种是不能被培育的。事实上，即使是现在，细菌物种中 95%~98% 的培育方法仍不为科学家们所知。因此，需要发明其他的方法来研究葡萄生态中的微生物。

一种新方法利用了 DNA 不仅是一个双螺旋分子，还是一个互补型分子的事实：研究者掌握了双螺旋的一支，就可以了解另一支的结构。一旦双螺旋的一支上有一个 G（鸟嘌呤），另一支与它直接相对的就会是 C（胞嘧啶）。同样的，如果一支上有一个 T（胸腺嘧啶），另一支与之相对的就是 A（腺嘌呤）。它们由化学基相连（A 与 T，

G 与 C)。一支有着 GATCGATC 序列的 DNA，另一支的序列就会是 CTAGCTAG，C 与 G，A 与 T 将会连在一起，就像拉链一样运作。如果有着双螺旋结构的分子被加热，它们就会开始解开拉链。当冷却下来后，又拉上拉链。

现在，想象我们的老朋友酿酒酵母，它的基因组中有一个独特的序列，比如 GCATCATCGATCGAGCATGATCGCAGC。在酵母基因组的某个地方存在着与之相对应的序列。如果这一序列与来自酵母细胞的 DNA 混在一起，加热，然后冷却，序列会找到自己对应的那个，并与之结合在一起。接下来，想象把一点荧光剂分子放在这一序列的末端，然后重复这一操作。这次将会发生的事是，正如预想的那样，序列会在酵母细胞中找到那个对应序列。在它们结合的地方，可以看到小小的荧光点，标志着这个细胞有着标志序列，也就是酵母细胞。如果我们知道许多对某一生物体来说是独特的序列，我们就可以进行尽可能多的 DNA 分析，将它们用不同的荧光剂连接起来。

这一方法叫作原位杂交荧光或 FISH，它使我们知道在某一特别的微观领域存在什么物种，存在多少。FISH 在医学上有所应用，也用于分辨自然提取样本中的细菌和其他微生物物种。用这一着色来确定微生物物种的方法，可以告诉科学家们葡萄——或者其他的一切上——生活的微生物的种类和数量，使他们了解在葡萄生态游戏中的参与者。

如果我们要在葡萄样品上使用 FISH，我们就必须了解生活于葡萄表皮或其周围土壤中微生物的种类。但这样我们就只能找到那些我们已知的微生物，我们怎样才能"看到"葡萄表皮或其中所有的微生物呢？20 世纪 90 年代，研究者们从一勺土壤或擦过葡萄表皮的样本中，就可以采集足够多的 DNA，就像人类基因实验

葡萄酒的自然史

/ INTERACTIONS
/ Ecology in the Vineyard
and the Winery

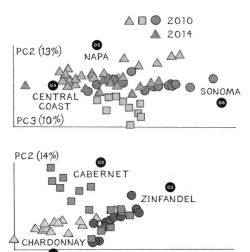

——————

01 / CHARDONNAY
霞多丽

02 / ZINFANDEL
粉黛

03 / CABERNET
赤霞珠

04 / CENTRAL
COAST 中部沿海

05 / NAPA 纳帕

06 / SONOMA
索诺玛
——————

根据《酿酒葡萄的微生物生物地理学：由被栽培品种、年份和天气决定》一书重新绘制和修改。

本图显示了葡萄生长地区、葡萄品种与细菌群落的关系。它是由多元数据轴生成的，数轴被称为主要因素（PC），解释研究中变量较大的部分。注意在两种图中不同颜色点状的汇聚，意味着地理位置（上）和葡萄品种（下）都会影响特定葡萄中微生物的种类。

室从血液中提取 DNA 一样。唯一的不同是，来自血液的 DNA 是单一基因组（研究对象的），而在一勺土壤或葡萄洗液中，可能有上百万个微生物的基因组。

　　来自土壤或洗液中的 DNA 组合，包含着所有身在其中的微生物的基因组。由于样品中每段 DNA 都来自特定的种类，最符合逻辑的做法就是将样品中所有的 DNA 片断测序。但是在科学家们称为"下一代测序"（完全是用词不当，因为我们已经进入"下一代"6年了）发明前，获取 DNA 序列的工作量是非常大的，而且收获的数据甚微。从样品中只能获取少量 DNA——可能在 500~10000，这在总量中只占极小的比例。这些序列可以与巨大的细菌 DNA 序

列信息纲要——核糖体数据库（RDB）对比。通过将样品的序列与
RDB的序列配对，研究者可以知道土壤或葡萄洗液中有哪些物种
被测序。

下一代测序提高了可能性。它通常可以完成40万到1000万
个不同的微生物测序。它还使科学家们"看到了"上百万个在实验
室不能被培育的微生物。这意味着研究者们对日益庞大的不同微
生物群落有了更为完整的了解——世界上似乎有不计其数的这样
的群落。这也意味着每一天在诸如泥土、池塘浮渣、空气、海水、
污水等媒介中，甚至人类身体上及体内，都能发现微生物新品种。
"下一代测序"给葡萄园科学家们前所未有的角度，来观察葡萄
表皮、葡萄树生长的土壤和葡萄汁本身。

◆ ◆ ◆

葡萄微生物群落生物学家的首要任务，就是确认相关的微生
物物种——基本上是做广泛的调查。在葡萄表皮上找到了三种主
要的微生物：丝状真菌、酵母和细菌。从微生物群落研究的角度
来说，很明显这三个物种在每一个葡萄品种上都不一样；在不同
地区，它们的存在与多寡也不一样。一项计算赤霞珠葡萄树和果
实的微生物研究表明，这些植物上近半数的微生物仅有10种，而
在一勺泥土中找到的超过了1000种。同样有趣的是，在葡萄叶中
生活的微生物群落，与葡萄表皮上的完全不同。

在进行了最初的调查后，科学家们可以用两种主要方法来研
究这些群落。首先，他们可以研究不同品种葡萄上微生物群落的
不同。这对于理解哪些微生物群落负责某一品种——比如赤霞
珠——的口感特点来说是很重要的。其次，研究者可以研究同一
品种葡萄中的微生物群落是如何变化的。葡萄果实成熟时，微生
物群会发生变化，许多在成熟季之初生活在葡萄上的细菌会有很

葡萄酒的自然史

/ INTERACTIONS
/ Ecology in the Vineyard
and the Winery

大的转变，还会出现基于环境和品种因素的强劲成分。在 2014 年使用"下一代测序"进行的一项研究中，加利福尼亚大学的尼科拉斯·波库里克（Nicholas Bokulich）和同事们研究了加利福尼亚北部葡萄表皮的微生物构成动态。他们对于哪些因素影响葡萄和葡萄汁中的细菌群落构成十分感兴趣。这对于葡萄种植者来说是个重要的问题，因为这是避免细菌对葡萄造成伤害的第一步。如果群落构成和其间的相互作用被证明是随机的，就会使补救细菌感染的措施变得复杂。但是，通过证实来自纳帕和索诺玛山谷及中央海岸地区葡萄的微生物群落结构，科学家们表示，细菌群落与葡萄汁并非随机相关，它们随着地区、葡萄品种和其他环境因素而发生变化。

另一项研究显示，生活于葡萄之上的真菌通常由于葡萄树在葡萄园中所处的位置而有所不同，意味着即使是在相同的种植环境下，微生物的空间安排也不同。最后，同一葡萄园的微生物群落每年似乎都有所不同，显然其中的关联相当复杂。未来的研究可以探索这些关联对于酿造具有独特特点的葡萄酒有何意义。这项研究肯定会完成，也会对葡萄酒饮用者有直接的影响。

这项调查引发的另外一个意外发现是，酿酒者的酿酒酵母朋友们并不总能在葡萄园环境中苗壮生长。事实上，酵母极少会自然地生长于葡萄果实的表皮，而是在其被压榨之前很短一段时间内，在胡蜂介入之后才被接种进去。符合需要的酵母被加入到葡萄汁中，如果数量恰当，它可以主导发酵过程。但它并不是唯一进入葡萄汁中的酵母，野生酵母也存在。这些未被邀请的客人也许包括来自葡萄园与期待不符的酿酒酵母变种，或者是一直滞留于酒窖中的早年间用于发酵的不同种类的酵母。它们也许会以许多方式与葡萄汁发生接触，比如附着于酿酒容器或工具上，或者通过昆虫或其他动物来传播。

另一类"野生"酵母包括那些来自克勒克、异酒香、假丝或毕赤种的酵母。这些酵母种类通常是葡萄酒发酵过程中的重要组成部分，给葡萄酒增加环境个性（风土）。尽管这些品种在葡萄园里生长得不错，但在发酵过程中经常没那么有效，因为它们对酒精缺乏耐受性。它们对于二氧化硫的耐受性也很低，因此，许多酿酒师在发酵早期添加二氧化硫，以在引入酿酒酵母前杀死不受欢迎的酵母。但是，一些酿酒师倾向于使用野生品种开始发酵程序。我们说"开始"，是因为一旦发酵达到3%~5%的酒精浓度，"野生"酵母通常就会死亡，而更耐受酒精的酿酒酵母就会接手。平衡酿酒酵母与野生品种的作用是酿酒的重要工作。野生酵母影响太少，可能会使葡萄酒失去足够的风土特点，而野生酵母影响太大，则很可能会带来破坏性化合物或不想要的味道。这一微妙的平衡是葡萄酒生态的一部分，酿酒师必须小心处理。最后，我们可能会注意到，一小部分酿酒师有时会使用原生（本地）酵母来酿酒，它不应该与野生酵母相混。原生酵母可能包括那些在酒庄和葡萄园里游荡的酵母，但也有可能是某一地区传统的培育品种。

最近的研究显示，葡萄和葡萄园中存在着极大的微生物异质性，这使酿酒者们仔细思考其种植实践。一项研究显示，有机种植的葡萄和传统种植的葡萄存在着微生物群落的不同。研究者们还仅仅是研究了这一庞大、广泛研究范围的表面；随着葡萄种植者和酿酒师们越来越多地使用新的微生物群落数据，他们会对不同葡萄品种、不同葡萄园以及酿酒不同阶段中存在和活跃着的微生物群落进行极有价值的统计检测。这一信息将会引发葡萄种植和酿酒的革命。

◆ ◆ ◆

我们希望已经说服你，葡萄是复杂反应得出的产品。这些反

葡萄酒的自然史

/ INTERACTIONS
/ Ecology in the Vineyard
and the Winery

应在许多不同层面发生。一方面，但也最重要的是，葡萄酒是化学成分与酶之间发生反应的结果，这带来了它的颜色、香气、口感和酒精含量。另一方面，葡萄酒是葡萄内外、发酵容器中不同微生物间作用的结果，也是葡萄母树与环境之间相互影响的结果。

在葡萄表皮以及稍后在葡萄汁中展开的忙碌的生命历程，与新泽西伊丽莎白繁忙的工业区内的活动类似。细菌细胞集结在一起工作，吸收原材料，生产出产品。葡萄汁中的酵母位于罐底，由碳氢化合物进行加工。它们打开仓门，融入成吨的碳氧化合物，然后分解成它们的组成部分。二氧化碳和酒精通过第三章描述的化学路径进入果汁。酵母使用酶来产生糖和拥有较长链的碳氢化合物，这些酶就像工厂地面的小机械一样，不断从葡萄汁中获取原材料。所有这些反应产生了大量的废气和废料，需要消耗很大的能量。

但这只是复杂程序中的一部分。在压榨物中远不止存在碳氢化合物。由于葡萄表皮、种子和一些茎也进入了葡萄汁，在由酵母和细菌组成的薄膜底层还兴建了其他小工厂。许多大分子，比如色素和丹宁，会被输送到这些小工厂进行加工。如果一个分子遇到错误的酶，它就会被拒绝进入，并转移到下一个潜在的加工工厂。这些程序飞快进行，直到葡萄汁中的酒精含量到达某个浓度（通常是 15%），酵母停止工作。如果酒精含量远超这个水平，酵母就会生病和死亡。相应的，正是在这个发酵临界点上，酿酒师们开始进入下一个生产阶段，包括将葡萄酒与固体分离（将液体倒入桶内，把沉淀物留下），一些红葡萄酒还要进行二次发酵，细菌将带有尖涩的苹果酸转化为更加柔和的乳酸（就像第十一章里描述的那样）。当葡萄酒在桶中休息时，这一过程仍没有停止。酒中的分子会与橡木释放的分子发生反应，即使它被装瓶待售，葡萄酒仍在发生变化。

　　这些五花八门的反应，从吸引一只鸟来吃葡萄，到在瓶子中陈酿，与其他因素结合起来，才使葡萄酒这样一个复杂多变且意义非凡的产品成为可能。这些反应汇合到一起使你品尝的每一瓶葡萄酒独一无二，与你曾经品尝过的酒都不同。最终的互动是葡萄酒与我们一起发生的，在它从我们鼻子到大脑那漫长而复杂的旅程中。

葡萄酒的自然史

几乎毁了葡萄酒产业的那只虫子

*

THE
AMERICAN
DISEASE
美国病

The Bug That Almost Destroyed the Wine Industry

Chapter 07

在西西里埃特纳火山的山坡上，举目望去是黑色的、粗石堆就的卡尔德拉拉·索塔纳（Calderara Sottana）葡萄园，出产马斯卡斯奈莱洛和修士奈莱洛葡萄，酿制出的葡萄酒品质卓越，享誉全球。当根瘤蚜虫在19世纪末席卷整座山坡时，这片葡萄园里两个小区域的葡萄树奇迹般地在疫情中存活了下来。今天，这些葡萄树仍然在自己的根上生长，已逾130岁，酿造葡萄酒时会将它们与周围那些嫁接品种分开。我们有幸品尝到了这两款葡萄酒。它们明显是近亲，有着相似的矿物质、泥土的质感，伴有一丝焦油的味道。普通的卡尔德拉拉·索塔纳是很不错的，柔和的丹宁烘托出深色的水果，回味无穷。但是受到前根瘤蚜虫影响的葡萄酒还有一种水果的明亮与清澈，我们词穷，只能说它还有另外一层的灵动感。

葡萄酒的自然史

对于蒙彼利埃大学植物系主任儒勒-艾米尔·普朗松（Jules-Emile Planchon）来说，19世纪60年代的开始是平静的，尽管它的结束并非如此。蒙彼利埃是法国南部葡萄酒种植区中心的一个古老的小镇。当普朗松于1853年就职时，法国的葡萄酒行业规模庞大，从业人员占全国总劳动力的三分之一，并正苦于应对一种奇怪的真菌枯萎病。这种被称为粉孢或白粉菌的病摧毁了全法国的葡萄园。当时，葡萄种植者们还没有意识到，导致这一疾病的真菌，是在拿破仑战争后活跃的跨洋葡萄剪枝交易时从美国传入的。幸运的是，使用硫化物后，这一病症被基本控制住了，在各方极大的努力下，这种真菌病在出现后的十几年内从法国大部分地区消失。事实上，与疾病战斗后的葡萄园得以重建，因祸得福，19世纪60年代早期，由于法国交通基础设施大规模改善，葡萄酒贸易现代化进入繁荣期。

但是这一繁荣景象并没有持续多久。1866年7月，在离蒙彼利埃不远的阿尔勒圣马丹德克罗小村庄的葡萄园中，葡萄树再次神秘地死亡。绿叶变红并落下；长出的葡萄串枯萎变干；根尖开始腐烂。1867年春天，第一批被感染的植物全部死亡；几年内，这一疾病的症状出现在罗纳谷和法国南部的所有葡萄园中。正如克里斯提·坎伯贝尔（Christy Campbell）在其有趣的《植物学家和葡萄酒商》中叙述的那样，明显从一开始，就需要采取紧急行动。1867年春，普朗松教授被任命为对抗葡萄树疾病地方委员会的成员。委员会最初仔细检查了受到疾病困扰的葡萄树，但即使使用显微镜，他们也没有发现明显的原因。然后，普朗松想到将生长在病株旁看上去健康的葡萄树拔出。他找到了答案。这些植物的根部受到未知黄色小虫的侵蚀，小虫积极地从宿主那里汲取汁液。普朗松立即下结论称，它们就是植物患病的原因：这些昆虫像吸血鬼一样，将植物的"血液"吸出。很快，普朗松将这一罪魁祸首正式命名为 Rizaphis Vastatrix："破坏葡萄树的根蚜虫"（蚜虫属于异翅目，也就是被认为是"真正的虫子"的那一目，同属一种的还有绿色蚜虫和木虱）。由于技术原因，这一动物最终被定名为 Daktulosphaira vitifoliae（葡萄根瘤蚜），另一个非正式名称 Phylloxera 最终被放弃，但这个名字仍使全球葡萄种植者的心中感到战栗。

在为罪魁祸首定名，并确认它在该地区的首次踪迹出现在 1863 年后，普朗松投入了相当大的精力试图了解其生命周期。这并不是出于无根据的科学好奇心：消除任何害虫的最佳办法就是找到破坏其生命周期的方法。但是，尽管普朗松一丝不苟的研究使他对这种虫子了解甚多，但他还是没法了解其完整生命周期的情况。这不足为奇——绝大多数昆虫只有几个生命周期，而根瘤蚜虫有18个。此外，根瘤蚜虫对葡萄树如此专注，以至于它的生命周期可分为四个主要阶段——性、叶、根和翅——竟然与葡萄树的生长周期相互呼应。

就像所有的昆虫一样，根瘤蚜从卵开始发育，它们的卵被产在发芽的葡萄叶背面。当它们孵化后，蛹并没有开始进食——事实上，它们并没有嘴或消化系统——因为此时它们生命的唯一目的就是繁殖。雌雄叶蛹找到彼此，交配然后死去。临死前，雌蛹在葡萄树干的树皮上产下一颗卵。到这时，生命周期里的交配部分结束了，而树叶部分开始了。卵通常是在初冬出生，在温暖的季节到来前一直处于蛰伏状态，然后它孵化为蛹，蛹开始搜寻葡萄叶。蛹永远是雌性的，有着不交配就可繁殖产出大量卵的独特生物特性。它将唾液注射到叶子中，产生一个鼓起的瘿，为自己及卵创造舒适的环境。当这些新的卵被孵化后，蛹离开瘿，要么留在叶子上，要么长途跋涉到葡萄树根部。如果到达根部，它们就进入了第三个阶段，通过孤雌生殖（技术上称为单性繁殖）产出更多的卵。

葡萄酒的自然史

ASEXUAL REPRODUCTION

VINE

CRAWLER

WINGLESS ADULT

WINGED ADULT

CRAWLER

05

SOIL 06

EGGS

CRAWLER

OTHER VINES, ROOTS AND LEAVES

ROOT

CRAWLER

04

WINGLESS ADULT

02

EGGS 03

ASEXUAL REPRODUCTION

01

*

01 / ASEXUAL
REPRODUCTION
无性繁殖

02 / WINGLESS
ADULT 无翅成虫

03 / EGGS 卵

04 / OTHER VINES
ROOTS AND
LEAVES
其他树、根、叶

05 / CRAWLER
爬虫

06 / SOIL 土壤

根据《葡萄根瘤蚜》（俄亥俄州立大学续编资料表）一书重新绘制和修改

根瘤蚜虫的生命周期。

　　与交配期不同，这一阶段的蛹，其唯一目标就是吃。因此，它们对根部产生了极大的破坏，特别是因为它的进食策略包括注入分泌物至根部使其软化。这一分泌物最终使根部中毒，是导致葡萄树死亡的几个原因之一。随着夏天的到来，蛹继续进食，并通过孤雌生殖不断繁衍。到这一阶段它们可以移动，尽管不能移动得太远，但可以在土地中从一棵树爬到另一棵树。在冬天到来、葡萄树进入蛰伏期前的一个生长季，它们就会给植株带来巨大的伤害。

　　当下一个夏天到来后，昆虫再次变得活跃，可以通过两种方式传播。一种策略是仍然留在同一葡萄园中，在这种情况下，蛹出现了，在新叶子背部产下雄卵和雌卵，开始新的循环。但是另一种方式——这是根瘤蚜虫真正四处扩散的方式——就是进入生命周期的第四阶段，长出翅膀飞行，传染新的区域。当它们到来后，在新鲜的葡萄树叶上产下雄卵和雌卵，循环重新开始。

这一生命循环如此复杂，使它看起来很容易被破坏，但事实正好相反。由于这些阶段非常奇怪，而且明显并不相连，普朗松在把这些观察结果连成一幅清晰的图景时，遇到了非常大的困难。所以，当最后找到应对根瘤蚜虫感染的方法时，它已经完全来自另一个方向。但是在研究期间，与说服同事们相信这种昆虫是导致这一神秘疾病的原因相比，普朗松遇到的技术障碍微不足道。他所在的委员会大部分成员都赞同这种小虫起到了一定的破坏作用，但一些有影响力的委员认为，它们存在于生病的植物上，仅仅显示植物已经由于其他的某种原因而变弱。很可能是因为天气，或者是错误的种植行为，或者是因为剪枝而造成的近亲繁殖。巴黎知名的昆虫学家在收到了虫子样本后，就得出了这样的结论，而在波尔多主要葡萄产区的专家也这样认为。

对于疾病原因的争论持续了好几年，与此同时，法国南部的葡萄酒业开始缓慢地衰退，普朗松疯狂地工作，以寻找应对疾病的方法。1870—1871 年，在普法战争和巴黎公社的混乱期间，法国官方面临着其他比根瘤蚜虫更令人头疼的问题，但是当这些冲突趋于缓和，就连首都的官员也认为法国土地上出现了严重问题，于是通过悬赏征集可以解决这一问题的办法。

这时，梅多克的葡萄园也开始被感染，根部的腐烂快速蔓延。1875—1889 年，法国葡萄酒年产量从 845 万升暴跌至 234 万升。到 19 世纪 70 年代末，西班牙、德国和意大利的葡萄园里也遭受了病虫破坏；早在 1873 年，根瘤蚜虫在加利福尼亚葡萄园中被发现，

葡萄酒的自然史

这种虫很可能已经在那里存在了10~20年。仅仅四年后，在遥远的澳大利亚也发现了根瘤蚜虫。巨大的经济灾难开始扩散，不仅是对葡萄酒业以及依赖于它生存的几百万人，也是对整个法国和欧洲经济，甚至所有葡萄酒生产国。

到19世纪70年代中期，在蒙彼利埃以外，人们开始广泛认可根瘤蚜虫确实是主要的问题所在。获得这种认知的关键，来自于许多法国种植者试图控制疾病的努力，虽然能驱逐白粉病的硫处理法对其并不管用。各种应急手段中最成功的，是在蛰伏的冬季将整个受感染的葡萄园淹没，这种方法是由精明的葡萄种植者路易斯·弗肯（Louis Faucon）引入的。1869年初，他用奇特的水淹法，将其位于河边的葡萄园淹没了一个月，结果受灾的葡萄树重获生机，因此他邀请普朗松研究水对根瘤蚜虫的影响。普朗松的调查显示，三个多星期的浸泡已经足够杀死所有昆虫，从而拯救整个葡萄园；最后，这一简单但耗费人力的方法在法国被广泛采用。

但是，大部分葡萄园地势不低，没有精心构建的沟渠，不能随意被水淹或排水。事实上，大部分葡萄园特意建在山坡上，就是考虑到良好的排水性。无论如何，尽管水淹从来不是应对根瘤蚜之灾一劳永逸的方法，但借鉴弗肯的实践经验，普朗松得以将寄生虫与疾病联系在一起：把昆虫赶走，症状就消失了。

证实这种联系的另一重要因素，是发现了害虫的来源。普朗松再次处于这一研究的前沿。几乎就在根瘤蚜虫于法国被发现并确认的同时，一位名为C.V. 莱利（C.V. Riley）的盎格鲁美国昆虫学家开始思考，欧洲那种吸食汁液的昆虫是否就是现在被称为Daktulosphaira vitifoliae的那种蚜虫，它由纽约昆虫学家阿撒·费池（Asa Fitch）于1854年在其所在州的葡萄树叶子上发现。

儒勒–艾米尔·普朗松（左）和C.V.莱利

由于对这一昆虫的生命周期缺乏全面了解，一个当下的问题是，美国昆虫生活在葡萄叶上，并没有引起疾病，而欧洲这种昆虫感染了葡萄树根并引发了疾病。这一问题后来得到了部分的解决，因为莱利发现，根部和叶子的感染会发生在不同的生长阶段。1873年，普朗松访问美国时，与他有着密切合作的莱利向他展示了当美国葡萄树被嫁接到欧洲砧木上时，虫子快速爬到根部并在那里停留，杀死葡萄树的情形。莱利的显微镜研究也证实了这两种昆虫在外表和习性上是相同的：它们实际上是同一种昆虫。普朗松和他的同事们还发现，美国葡萄树的根部明显有一些这种昆虫倾向于避免的特征：昆虫们将自己局限于叶部，这也许并不是它们喜欢的生存环境，因此不会对葡萄树造成长期伤害。

莱利的发现还暗示了——尽管一些人否认这一想法——这一寄生虫通过从美国进口的葡萄树剪枝，被无意中引入法国（至少两次，因为罗纳河谷和梅多克的感染被发现并不相关）。尽管大多数法国种植者对于旧世界欧亚种的传统高贵葡萄品种引以为傲，但还是有一些好奇的法国葡萄种植者为了试验和装饰，引进了美国葡萄

葡萄酒的自然史

树进行栽培。这些种植者包括波尔多葡萄种植者里奥·莱利曼（Leo Laliman），在1869年普朗松展示水淹法的会议上，他介绍说那一年他失去了所有的欧洲葡萄树，但美国葡萄树却长势良好。美国葡萄树被引进，是为了测试其对白粉病的抵御能力，但显然它们对新的害虫也有免疫能力。

尽管它们在波尔多小镇可以繁茂地生长，但是问题又来了，美国葡萄酿出的葡萄酒有一种不太常见的"狐臭味"（葡萄果冻味），对此莱利曼也认为这极其糟糕。所以，即使根瘤蚜虫的问题还没有彻底解决，如何使美国品种比莱利曼种的那些更好地适应酿酒业的研究也已经开始了。

19世纪70年代中期，绝望的法国葡萄种植者从美国进口了上万条葡萄树剪枝。他们这样做，与官方的政策相悖，后者试图保护法国传统的高贵品种。在美国被确定是灾难来源之后，法国政府抵制进口新世界的葡萄树栽培品种。这并不奇怪，毕竟，问题本身是如何提供解决方案？虽然官方许可和资金支持了水淹法、害虫应对、葡萄园技术提升、潜在捕食者的引入以及将葡萄园迁移至肥沃的沙地等工作，但是法国葡萄树仍持续死亡。

到19世纪80年代早期，就连巴黎也不得不承认，控制根瘤蚜虫最成功的方法来自于十年前一些地方省份的葡萄种植者，他们在普朗松和其蒙彼利埃同事的敦促下，用官方不赞同的美国葡萄树栽培品种进行实验。很快，人们证实，要解决根瘤蚜虫问题，就必须在某种程度上引入美国葡萄树。于是，问题就变成了如何引入。

首先要解决的是找到比莱利曼种植的那些能酿出更好葡萄酒的美国葡萄树品种，在这方面有许多候选方案。19世纪，试图在美国栽培欧洲葡萄的努力惨败后（很可能是因为根瘤蚜虫），许多当地的葡萄品种被种植。更重要的是，早期对欧洲葡萄树的引入，使得许多本土的葡萄品种能与新来者进行杂交,在许多场合这种杂交都会自然发生。好消息是,这些杂交产生的后代能继承其祖先的谱系优点。美国母系植株可以抗御根瘤蚜虫,因为它们与这种寄生虫共同生长了上百万年(莱利这位狂热的达尔文主义者,早在1871年就确定了这一点),其后代将至少显示某种程度的免疫性。同时,欧洲血统使其产出的葡萄含有更高的糖分,酿出的葡萄酒中的"狐臭味"会比仅使用本土葡萄酿制的淡,后者对旧世界的味蕾来说不那么有吸引力。

19世纪70年代和80年代,许多杂交和纯美国葡萄品种——有时并不能清楚地区分——被引进欧洲。并非所有品种都能适应新环境,一些没能完全扎根、有效繁殖或繁茂生长。比如,来自美国多云阴雨的东北部的葡萄品种 Vitis Labrusca,就没能在法国南部炎热干旱的土地上生长。但是,最后大约有6种强健的美洲品种在法国及大西洋以东的其他地区茁壮成长。事实上,许多劣等葡萄酒的欧洲消费者适应了莱利曼所哀叹的"狐臭味"——时至今日,有些法国酿酒师还非常喜欢美国品种及其产品,他们的许多客户也是如此,包括我们。每次只要我们去多尔多涅(Dordogne),就要到访一个乡下酒馆,酒馆老板仍然偷偷种植美国诺亚葡萄,并用它们酿造一种非常强劲的葡萄酒,与炖制的野生猪肉是绝配。

但是,这并不意味着在品尝杂交品种的短暂调剂后,我们不愿意回到微妙得多的欧亚种葡萄酒。事实上,美国品种并不是在哪里都能成功的。比如,在中世纪起就以富含丹宁的"黑色葡萄酒"而知名的卡霍尔地区,使用法美杂交品种的种植者最终一败涂地。尽管当地的欧赛瓦(马尔贝克)葡萄和美国沙地葡萄的一个品种偶然杂交,酿制出的葡萄酒尚可接受,而杂交葡萄在几十年里也使当地葡萄酒业慢慢式微。最后,这些葡萄所酿制的葡萄酒还是无

葡萄酒的自然史

法与 20 世纪上半叶涌入的阿尔及利亚廉价欧亚种葡萄酒相竞争。
卡霍尔 1816 年的产量为 17.5 万桶，1958 年降至可怜的 650 桶。
后来，在一位不为人所知的英雄何塞·保德尔（Jose Baudel）的努
力下，当地的合作社重整旗鼓，一些小种植园主在面临艰难时仍
设法保留了欧赛瓦葡萄，若非如此，卡霍尔的葡萄业就完了。现在，
卡霍尔生产的葡萄酒也许不像以前那么"黑"，但是，混合一些梅
洛和丹娜，可以平衡欧赛瓦的强劲，使之成为法国最有意思的葡
萄酒之一。

　　卡霍尔种植者的经验表明，几乎所有的美洲品种都有可能成
功，但当到了紧要关头，差不多所有将美国葡萄树引入法国的努力
不仅面临着质量的问题，还面临着官方反对。美国品种不仅永远
地被认为与根瘤蚜虫相关，而且它们被认为甲醇含量偏高——这
种观点也许没有根据，但直到今天仍有人这么认为，主人家会紧
张地警告你不要喝太多诺亚葡萄酒。政府对美洲葡萄的敌意，与
它们被绝望的葡萄酒生产商引入的程度成正比，当法国的美洲葡
萄树种植面积日益扩大，官方的反对更加强烈，最终通过了完全
禁止它们在法国任何土地上被种植的法律。

　　但是，从根瘤蚜虫闹剧的一开始，就存在着批量种植美国葡
萄树的替代方案。它取决于葡萄树剪枝被嫁接于不同砧木的能力。
嫁接成功的关键在于，幼芽和根在植物生长的过程中可以保留其
母系特征。东海岸北美葡萄品种与咬食根部的根瘤蚜虫长期共存，
许多（尽管不是全部）都对根瘤蚜虫的破坏产生了免疫力。而欧亚种
葡萄已经栽培了上千年，生产了世界上最好的葡萄酒。因此，美国
根部和欧洲剪枝的结合，可能提供完美的组合。

　　这一事实在根瘤蚜虫灾难的早期就被认识到了。其实，在里
奥·莱利曼最初报告其梅多克葡萄园里欧洲葡萄树死去，而美国

葡萄树依旧繁茂的同时，就指出了嫁接的可能性；普朗松也赞同这么做。到 1871 年，他的亲密同事、普罗旺斯葡萄种植者加斯顿·巴兹尔（Gaston Bazille）已经将欧洲上枝与美国根部结合在一起了。但是这一实践是非常困难的，进展缓慢。比如，在卡霍尔，将欧赛瓦葡萄上枝与美国根部的结合导致了落花现象，这是一种生理现象，导致开花后无法正常结果。最后，经过多年的试验和失败，人们找到了理想的嫁接方法，以及在不同土壤和气候条件下最佳的幼芽－砧木组合。最终，种植者了解到，有时最好的根部本身就是杂交的。

将陌生而又费力的新方法介绍给法国上万名葡萄种植者，需要花费更长的时间，尽管官方给予了鼓励，要想成功也不那么简单。但是，嫁接最后被证明是先进的方法，今天所有法国贵族葡萄品种都种植在有着美洲祖先的根上。只有在世界一些与世隔绝的角落——特别是智利——成功地逃离了根瘤蚜虫的入侵，伟大的欧亚种葡萄仍然大规模生长在自己的根上，而没有被嫁接。

不知为何，一些法国、葡萄牙和意大利的小型葡萄园也成功避开了根瘤蚜虫的感染。它们被现代的评论家们所赞扬，认为相比嫁接的品种，它们酿制的葡萄酒有更好的层次感和集中度。这种赞颂导致了一个不可避免的问题：葡萄种植和酿造技术已经发展了150 年，如果葡萄树仍然生长在自己的根上，今天是否会酿出更好的葡萄酒？现实是我们永远无法确定的，尽管许多 20 世纪的品鉴行家坚信这一点。无论如何，出于种种原因，根瘤蚜虫传染如果从未发生，那当然会更好，但果树种植者的普遍经验（他们一直是热情的嫁接者）表明，嫁接也许并不会给水果的质量带来太大差异——从而对葡萄酒酿制的卓越性有所影响。但是，很难拒绝带有一丝丝遗憾的忧愁感。

葡萄酒的自然史

　　不管如何，根瘤蚜虫的故事并没有因为 20 世纪之初在欧洲和其他地区被打败而结束。略具讽刺意味的反转是，这一闹剧的最近一章是在美国展开的。几百万年来，加利福尼亚一直与根瘤蚜虫泛滥的东海岸相隔离。所以，尽管野生葡萄树确实在美国西部生长，但当 16 世纪加利福尼亚的酿酒业开始时，这一地区并没有这种昆虫。在那里，酿酒师们使用方济会教士从西班牙进口的不那么知名的传教葡萄树。加利福尼亚并没有积极地种植其他栽培品种，直到 19 世纪 50 年代，欧洲和美国东部的欧亚种剪枝被引入。很可能就是在这时，根瘤蚜虫首次出现在加利福尼亚，尽管直到 1873 年它才被正式确认。最初传播相对较慢，可能是因为加利福尼亚的根瘤蚜虫与欧洲同类不同，没有变态到有翅阶段，所以不能快速传播。在与病虫害初步较量之后，加利福尼亚的葡萄种植者们同意，具有免疫力的砧木是解决的办法，并根据法国和其他地区的经验，开始大面积重新种植现有的葡萄园。所以，到大禁酒时代到来时，根瘤蚜虫已经不是严重的问题了。

　　最近出现问题是在 20 世纪 60 年代和 70 年代加利福尼亚酿酒业开始繁荣的时候。对加利福尼亚葡萄酒的需求突然飙升，种植者不仅开始开垦新的土地，还要寻找比美国沙地圣乔治葡萄更高产的砧木，前者是那时大部分种植者使用的品种。在戴维斯加利福尼亚大学科学家的敦促下，再加上受其高产出和容易管理的刺激，种植者蜂拥而上种植或重新种植一种被称为 AxR1 的砧木，它是在试验早期从法国发展起来的法美杂交品种。它的幼芽能生长大量的葡萄，并易于嫁接和生长，但是 AxR1 砧木很快就被法国抛弃，因为它难以抵抗根瘤蚜虫。不幸的是，它在西西里、西班牙和南美种植时也感染上了根瘤蚜虫。不管如何，加利福尼亚科学家和葡萄种植者要么忽视了这些危险信号，要么说服了自己，认为这种寄生虫在西海岸的环境下不可能在 AxR1 上兴旺起来。在巨大产量前景的驱动下，加利福尼亚种植者们大面积地种植这一砧木。到 20 世纪 70 年代末，纳帕（Napa）和索诺玛（Sonoma）三分之二的葡萄种植区都种植有 AxR1。

不可避免地，纳帕葡萄园的 AxR1 葡萄藤在 1980 年开始生病。很快，病因就被确定为根瘤蚜虫，随后这一疾病开始在该州肆虐。1989 年，戴维斯专家们发表了一份迟到的关于反对种植 AxR1 的警告，但为时已晚，1992 年，用《纽约时报》记者弗兰克·普莱尔令人难忘的话说，"整个纳帕山谷的景象如此荒凉……成堆死去的葡萄树从土壤中被拔出焚烧……酿酒师们忧伤地看着他们一生的努力灰飞烟灭"。据估计，经济总损失达到 30 亿美元，最终加利福尼亚葡萄酒生产商还不得不花费了至少 5 亿美元来重新种植被证明具有免疫力的砧木。

幸运的是，这一根除根瘤蚜虫的艰苦努力到目前为止被证明是成功的；它所引发的所有灾难确实让葡萄种植者们有机会重新考虑哪些栽培品种在哪里才能得到最好的种植，并相应地调整其葡萄园的构成。因此，加利福尼亚葡萄酒业从 20 世纪 90 年代中期重新兴起，生产出与其早期相比同样优质的葡萄酒。

也许，从根瘤蚜虫以及葡萄树的悲伤闹剧中学到的最重要一课是，如果想继续生产优质葡萄酒，生产商必须一直保持警惕，至少比与生产商一起竞争葡萄树的生物领先一步。我们可以有信心地预测，根瘤蚜虫不可能是感染全球葡萄树的最后一场毁灭性灾难。除了所有常见的细菌、真菌、病毒性葡萄树疾病，比如白粉病、白叶枯病和叶焦枯，还有其他高度活跃的寄生虫仍在潜伏着。最近，在加利福尼亚存在的病毒是透翅叶蝉，它是一种行动有声的叶蝉，学名为草翅叶蝉，是叶缘焦枯病菌的媒介昆虫。这一细菌阻止了水和可溶解矿物质到整株植物的木质部的流动。受感染的

葡萄酒的自然史

葡萄树可能在几年内死去。透翅叶蝉是非常危险的细菌携带者，因为它比带翅的根瘤蚜虫移动得更快，可以迅速感染大片地区。

在科学哲学家乔治·盖尔（George Gale）的优秀著作《死于葡萄树》中，他的观点特别值得美国警惕，在这个国家太多的领域，我们觉得在世界上其他地区所施行的规则并不能束缚我们。他指出，"加利福尼亚例外主义"最有影响的事件，就是 20 世纪后期完全可以避免的根瘤蚜虫之灾。盖尔引用加利福尼亚大学教授戴维斯在悲剧来临前不久所写的话："加利福尼亚的气候和土壤是减少根瘤蚜虫危险的天然屏障。"这种漫不经心的态度特别值得注意，因为就在半个世纪前已经有足够的证据表明，情况正好相反。是的，在这里，或在其他任何地方，病虫害都有可能出现。

THE
REIGN OF TERROIR

风土的统治

葡萄酒和地域

Wine and Place

Chapter 08

从沙尼前往博纳,有着一路盘旋向北的葡萄园,你很难注意到近处地平线上低矮的、被葡萄树掩盖的田埂。1252年,它首次出现在记录中,被称为蒙拉查斯葡萄园,这里与勃艮第所见到的其他风景一样,平淡无奇。但是覆盖在山坡上的薄薄一层石灰石,与石灰质泥土混合在一起,培养出世界上最好的葡萄酒生长风土。几年前,只有少数人——偶尔——可以消费得起这种酒,我们负疚地挥霍掉了一瓶产自蒙哈榭葡萄园的酒。我们仍然徒劳地想重新抓住品尝它的那个魔力瞬间。

葡萄酒的自然史

我们可怜的星球地表从一开始就不停地被击打。直至今天，这一攻击比起 40 亿年前毫不逊色，那时是后期重轰炸期，小行星不断攻击新固化的外壳，而我们的星球扫荡了那些在太阳系形成过程中留在其轨道中较小的垃圾。但即使是在今天趋于平静的环境中，地球的表面每天仍然受到攻击。昼夜和季节性的冷热循环使大陆岩石扩张、收缩、分裂，与此同时风和水不断侵蚀岩石。这些无情的力量将现有岩石的颗粒剥落，形成土地沉积。在陆地上，堆积的沉淀物迅速被一大批生物所殖民，开始形成土壤：这是大自然不可思议的复杂产品，各地差异极大，即使相隔并不远，这是组成岩石的矿物质与众多生物影响之间相互作用的结果。正是由于土壤的多样性，才有了风土的概念。每个说法语的人都能立即在这一词语中找到复杂的含义，但被翻译成英语后，它变得怪异而令人难以捉摸。

对于葡萄酒，风土最基本的概念是指葡萄生长地的特点。这些特点包括当地的岩床、土壤以及排水，但扩展开来还包括坡度、日照、微气候、海拔、纬度以及许多其他特点，包括我们在第六章里提到的不断变化的微生物群落。但即使把所有这些变量都囊括进来，我们也不能解释风土，因为这一概念还带有历史的印记。除了物理和生物因素，它还包括文化和传统：当地几百年来的葡萄酒种植和酿酒实践如何影响到了每片土地的最终产品。更抽象的是，风土还包括一个地区的守护神，也就是任何神奇的地方都能感受到的一种灵气。

总而言之，葡萄酒的风土是复杂和多维的，这使得在世界上不同环境下生产的酒是不同的，不管这种不同有多微妙或巨大。无疑，这有着极大的差异。在葡萄酒世界，风土至关重要。对于葡萄酒中最高端及最昂贵的来说，风土有时代表着一切，至少决定了价格。世界上最昂贵的一些土地不是在东京或曼哈顿的市中心，而是在从法国勃艮第的第戎向南到沙尼的乡村路上一小块被葡萄树覆盖的土地。

当然，也有人对风土及其名声不屑一顾。他们认为，葡萄种植并被酿成葡萄酒的过程，决定了酒的品质，而不是葡萄园的位置。在某种程度上来说，的确如此。对于葡萄酒来说，每个因素都会发挥作用；正如没有优质的葡萄就不可能酿出伟大的葡萄酒一样，糟糕的酿酒也可能辜负了最完美的葡萄。更重要的是，风土极具地方性，因此葡萄园越大，其整体的产品质量就越不可能反映其中任何一个地块的特点。因此，要充分运用风土理论，也许有必要严格限制葡萄园的规模，或者将要一起酿酒的几种葡萄界定在同一区域种植。

这一变化并不一定是坏事，许多酒庄由于使用单一的葡萄园命名而获益匪浅。这当然是一种重要的营销手段。大家公认，法国勃艮第地区——甚至很可能是全世界——出产最好的白葡萄酒的是蒙哈榭葡萄园[1]，它至少在拉伯雷[2]时代就已经很知名了。在法国博纳市以南的几千米处，有着普利尼蒙哈榭和夏瑟尼蒙哈

勃艮第蒙哈榭葡萄园一景

葡萄酒的自然史

榭两个产区，共享这片 8 万平方米的土地。根据当地复杂的继承法，这个葡萄园竟然有 18 个拥有者，由当地 26 名种植者耕作。由于蒙哈榭酒的售价通常高于 3000 美元一瓶，因此很少有人敢夸口熟悉所有种植者的产品。尽管产自不同年份、不同种植者的酒，品质也有所不同，但坚挺的市场价格表明，收藏者们对所有蒙哈榭酒都高度认可。这是有原因的：我们其中一人记得，他饮用过一瓶 1982 年的蒙哈榭，是由马奎斯·德·拉奎奇（Marquis de Laguiche）所拥有的几行葡萄树酿制的，那是他最不同寻常的一次饮酒经历。但是，即使在这 8 万平方米、拥有理想位置的区域内，也有土壤和日照的不同，更不用说酿酒方式的不同，如果我们中了高额彩票，横向（单一年份）品鉴蒙哈榭所有的葡萄酒将是我们最优先的考虑之一。

既然风土体现的是地方自然特色，那么就值得我们对这种难以理解的现象进行审视，这并不仅仅因为它与风光有着无可置疑的相关性。事实上，葡萄生长地的风光对于任何葡萄酒都是根本，是喝酒时最好的陪衬。据说，唯有了解葡萄生长地区的风貌，才能真正理解一种葡萄酒，这确实有几分道理，当然，如果能在葡萄生长和酿造的地方饮用，这感觉将会无与伦比。许多葡萄种植地区美得令人窒息，光待在那里就觉得精神百倍。我们很难忘记南非好望角葡萄种植地的远景，那里整齐的葡萄藤与点缀其间的白色农舍——简单优雅的缩影——向绿色山麓延伸，直到蓝色的开普佛德山。或者是托斯卡纳起伏的橄榄山，即使在今天看来，也像是直接从文艺复兴油画中走出来的一样。除了亲临此地，还有什么比饮用当地的葡萄酒更能身临其境？

另一方面，有时，在不同地方喝酒也会有完全不同的体验。几年前，伊安爱上一款在高加索南部一块小飞地纳戈尔诺-卡拉巴赫喝过的白葡萄酒，那里有一条山间小溪，旁边有阳光点缀的阴影。

从表面看，纳戈尔诺-卡拉巴赫经济上不发达，历经坎坷，充满了
19世纪的乡村景色——附近的农民用镰刀收割春麦，并把它们装
上驴车。很难想象这里会有好酒。但是在一个阳光点点的夏日清
晨，它呈现了一种饮酒的精致氛围。深感愉悦的伊安无法拒绝带上
几瓶这种带给他天堂般美妙体验的液体回到纽约。在耐心地听完
他诗意的描述后，他的妻子却说这款葡萄酒非常难喝。伊安想，这
瓶葡萄酒肯定是带着木塞的味道或者坏掉了。天啊，第二瓶酒证
明并非如此——除非它也变质了，这款酒确实很廉价。最初的美妙
体验，很可能只是地方和场合造成的假象。

还有一种可能的情况是葡萄酒本身不错，但运输有问题。(葡
萄酒是否能够运输是另一个消费者争议的热门话题)。但伊安有他自
己的想法。他在留尼汪岛上饮用了许多不同种类的法国葡萄酒，
这里距离其原产地半个世界之远，跨越了赤道，却并没有碰到一
瓶糟糕的酒。这意味着运输本身，除了一些不幸的情况，比如过
热——这在一些出售的商品葡萄酒中比较普遍——他明白这并不
是毁了那些高加索白葡萄酒的原因。但无论如何，尽管纳戈尔
诺-卡拉巴赫的故事并没有一个愉快的结局，仍然令人精神振奋。
地点可以为饮酒体验增加积极的维度。

葡萄树很长寿。大部分酿酒师希望葡萄树可以结果40~50
年，在某些地区，葡萄树结果超过了一个世纪，它们特别被珍视。
因此，种植开启了一段葡萄树和土壤之间相当漫长的关系，土壤
不仅支撑了葡萄树的根，还为它提供了决定葡萄质量的必要养
分。就像媒婆一样，种植者必须确保这段婚姻匹配。尽管所有的
葡萄树在有排水性好、没有害虫、生物和化学环境平衡的土壤中
最能繁茂生长，但不同的葡萄品种在特定的土壤环境中能够生
长得更好。

葡萄酒的自然史

长久以来，葡萄种植者对于地质地图格外关注，它体现了葡萄园之下或邻近地区的岩石类型，因为葡萄园的土壤大部分来自于其下的岩床，尽管它们还受到其他从高处冲刷下来的岩石颗粒的影响。地质学家将岩石分为三种基本类型：岩浆岩、沉积岩和变质岩。岩浆岩是由地壳下面的岩浆沿地壳薄弱地带上升浸入地壳或喷出地表后冷凝而成的，构成了地球坚硬的外壳，主要包括花岗岩、闪长岩、辉长岩、辉绿岩、玄武岩等。尽管都属于岩浆岩，但不同岩石的化学成分可能有很大的差异。花岗岩是酸性的，富含坚硬且抗侵蚀的石英和其他浅色矿物质，如长石。像这样富含粗糙石英颗粒的土壤排水性佳。相比之下，像玄武岩这样的火山岩石偏碱性，富含颜色较深的铁或镁等矿物质，风化后就是黏土，排水性相对较差。

地面上形成的沉积岩主要包括来自于此前存在的岩石风化后的紧致颗粒，以及由于重力、水或风的作用沉积于别处的岩石。地表上升期侵蚀率提高，沉积物快速累积，通常很粗糙。这种沉积可能被携带进大陆边缘的海域，在温暖的条件下石灰石也通常在浅海沉积，要么是过于饱和的海水中的碳酸钙直接沉积，要么是来自曾经生活于海水表面的微生物（主要是小贝壳）尸体的骨骼累积。在较深的海域，细小的泥岩也会堆积下来。

地壳运动过程中，海洋盆地开开合合，海洋里各种沉积物经常被推高到陆地，形成了今天许多著名葡萄酒产区的岩床。海洋泥岩与大陆沉积岩基本一样，会被机械式侵蚀，但由于石灰石会在雨水中溶解，并随雨水流走，它们形成的土壤层比较浅，并包括大量来自石灰石分解和各种生物残留的不可溶杂质。

变质岩是其他两种岩石被重新加热（通过地球运动的压力或者火山的热量），再次结晶形成的。正是通过这一过程，均匀细致的泥岩变成了更为坚硬且抗侵蚀的岩石，比如页岩、板岩和片岩，它们随后被风化，形成了土壤。不少知名葡萄酒，包括法国中部的一些博若莱葡萄酒，就产自从变质岩形成的土壤。

水在风化过程中很重要，不仅因为它的机械式效果及其在溶解石灰石过程中的作用，还因为它促成多种微生物的生长。植物的根部延伸到岩石中的缝隙，在生长的过程中使其扩大，青苔可以改变早期土壤分解过程中岩石的化学成分。而水将继续发挥作用，因为这一运输媒介可以根据大小将岩石颗粒分类。快速移动的水可以携带大片碎石，甚至圆石，直到驱动力消失，颗粒就沉积在可以堆积的位置。另一方面，缓慢移动的水只携带并最终积累最细小的材料。尽管时间也是一个重要的因素——如果其他的因素相同——沉积物最终暴露于地表将会形成何种土壤，很大程度上取决于其沉积物的构成。粗糙的河中砾石在水流相对较快的条件下沉积下来，与干枯河床上细腻的黏土相比，为葡萄树的生长提供了非常不同的土壤。

但是，地质绝不是土壤形成的全部。当地的气候，包括温度和降水模式，也对土壤形成带来了巨大的影响。坡度、光照，甚至在山坡上的位置也需要单独考虑。总的来说，坡顶的土壤排水性要比坡下的好，不同位置的土壤构成也不同，山坡下的土壤含有更多的有机物。最后，时间也有其影响：土壤形成时间越长，它就越深，其横截面能显示过去不同时期内的环境。总之，土壤是动态的，总是处于流动状态。

由于葡萄树的种植会降低土壤活力，经验丰富的种植者们已经学会了如何使这些影响最小化——尽管他们在努力激发葡萄树活力的同时，也在不断控制其过度的活力。比如，如果在春天，土壤中含有过多氮或水，葡萄树会长出过多的树叶，而生长在树荫

葡萄酒的自然史

下的果实成熟很慢，会给葡萄酒带来酸涩不成熟的味道。当然，种植者可以剪除多余的树叶来纠正，但这个过程工作量很大，还可能带来一些负面影响，如果能尽可能从源头上解决更好。这通常意味着避免某种土壤和光照，就像勃艮第仍然在用的方法，那里的一些世界上最贵的葡萄园里散布着一片片曾经让人费解的森林再生植被。

在勃艮第，数百代的葡萄种植者用几个世纪的试验和失败，去探索在哪里最适合栽种葡萄树，哪里不适合。这是为什么一瓶葡萄酒上的"勃艮第"一词就意味着品质卓越的原因。但是，法国的法定产区体系还涉及其他因素，包括允许生产的一个或几个葡萄品种和产量。这些变量也许与葡萄生长的地点一样，对于葡萄酒质量来说非常重要。更重要的是，在某个地区，即使某种葡萄树种植时间最长，也不一定能保证它是最优的。要证明这一点，看看现在美国市场那几十种来自法国南部的赤霞珠和梅洛，在那里，使用不同种类葡萄酿制葡萄酒已经有 2000 年的历史。几十年前，这一地区的葡萄种植者们还对种植除其传统栽培品种以外的葡萄深感震惊，但最近，可能为了迎合市场，他们转移到那些对于美国人来说更熟悉的品种上来。

风土在这一变化中是否是一个原因，以及引进新的品种是否是个好的想法，时间能够证明；但是，种植者在面对是规划一个新葡萄园还是在旧葡萄园重新种植，预测哪种土壤适合哪个葡萄品种，以及对某个地块是否需要灌溉和施肥等干预手段，以期酿造出出色的酒时，这些问题该何去何从？遗憾的是，科学家们未能提供和我们预想那样有用的信息。大部分已知信息是地方性的，在富有经验的种植者脑中传递，他们可能会，也可能不会将它传给下一代（其他方面也是如此，比如如何选择酒桶的材质）。好在，我们从来不缺顾问。

对风土的科学研究中，最重要的干扰因素就是如何排除多种变量间的相互影响。澳大利亚南部的一项研究项目证实了西拉葡萄在灌溉和非灌溉地区，产量、酸度和颜色的明显不同。干旱土地上生长的葡萄树，其葡萄酒产量相对少，但其酸度和集中度更高，颜色更深。无疑，这正是品酒师们更为欣赏的葡萄酒。这些发现强化了一个常识，那就是通过给葡萄树施加生存的压力以减少产量（葡萄树需要更努力地获取它们所需要的水分），可以生产出品质卓越的葡萄酒。但无论如何，土壤类型的分布在各地区是极为复杂的，作为风土重要的组成部分，土壤深度和成分的变化是决定葡萄酒质量的重要因素。

一组德国科学家试图通过在同一地点种植米勒–图高和西万尼葡萄来分析这些变量，他们把这些葡萄种植在7个不同土壤的桶中。最终这些葡萄酿制出的葡萄酒之间并没有显著差异，但如果就此认为在通常情况下，土壤类型和质量对葡萄酒品质贡献不大，还为时尚早。实验中使用的容器不可避免地受限于尺寸，而且是在非自然环境下，这些内外的人为因素对葡萄的品质也有影响。

这里清晰显示了观察者效应，在观察某项事物的过程中，观察者也在改变观察对象。另外，科学家习惯于在实验里进行的此类实验干扰，只是加剧了真实世界的问题。在所有复杂的系统中，试图控制一个变量，最终都会影响到其他变量。即使是可以测量土壤或微气候样本各种特性的先进仪器，也无法捕捉风土；科学实验只能了解某一特定地点的几个特征，不能解释是哪些因素决定了某个地方适合酿酒。研究中的主观性使得问题复杂化，人们对葡萄酒品质卓越或糟糕的认识是不同的。让我们看看几个例子，它们说明了风土在实践中有多神秘。

葡萄酒的自然史

✦ ✦ ✦

波尔多是法国最大的中心城市之一，正好位于加龙河与多尔多涅河的交界处。在那里，两条河流交汇形成了吉伦特河口，流入大西洋。这一城市的得名，取自城市周边及延伸至两条河流的一大片葡萄园的名字。在东北部的多尔多涅河上游，有一片石灰石断崖，城市及大部分葡萄园都环绕着它。梅多克产区属于加龙河左岸（西岸）的著名酿酒区，位于河滩沙砾堆积形成的大片山丘上，土壤中包括多层的细黏土、淤泥和沙。粗糙的砾石来源于冰消早期的冲积，为葡萄树生长的土壤提供了良好的排水系统，而较细的沉积物保证了湿度，并包含重要的矿物质营养成分。表层除了肥沃的砾石以外，基本没有其他的东西，这就解释了为什么植根深入的葡萄树在这里生长得最好——许多著名的葡萄园位于"贫瘠"的农业用地之上。但是，在表层之下，情况是不同的。葡萄树繁茂起来，因为它们的根找到黏质层，并把细小的根延伸进去，然后继续一门心思地努力下探，试图通过更为肥沃的碎石层以找到地下水位。

尽管梅多克沉积岩具有地质复杂性和多样性，但不是它的每一寸土地都适合葡萄生长。几个世纪以来，种植者和消费者们已达成共识，一些葡萄园的葡萄酒要比其他的好。早在 1855 年，梅多克葡萄酒市场发展成熟，以至在巴黎世博会时，人们基于其葡萄酒在历史上的拍卖价格，对最好的葡萄园进行了分级。四个葡萄园（其中一个实际上已经跨过河流到了南部，位于格拉芙地区，但地质相似）被指定为一级酒庄。一直以来，这四个葡萄园就是最著名的，其红酒以最高价格出售；从那时起，还没有第五家梅多克葡萄园被升级。11 个葡萄园被指定为产区二级酒庄，而三、四、五级各大约有 12 家。在这种情况下，价格是评判质量的直接标准，但级别的不同（或是否有评级）暗含着风土的不同。当然，酿酒师也是不同的，1855 年之后也有诸多变化。尽管偶有大声抱怨，这

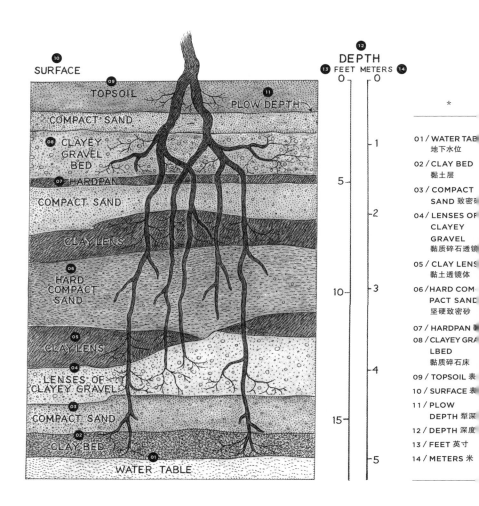

根据《自然因素对葡萄树的影响》一书的图示重新绘制和修改

波尔多葡萄园土壤总体的横截面，显示葡萄树根部渗透的
沉积物的类型和深度。

葡萄酒的自然史

168

一分级体系在 150 多年里基本没有变化，一级酒庄仍然是最贵的，随后则是"超二级"（现代造词）。也许我们看到的结果正是成功孕育了成功：拥有最高价的葡萄园庄主可以大力投资于土地的维护、最好的酿酒技术和设备。但是，在酿酒过程变得极为精细、庄主不断更换的情况下，分级体系的稳定性意味着地理位置——即风土——是一个决定性的因素。

那么，梅多克高级别的葡萄园到底有何特别之处？由于其土壤特征有很大的不同，即使在这么小的地方，几乎没有人能说只有一种风土，但是可以做一些概括。几乎所有进入 1855 年份评级的葡萄酒都来自三个村庄——玛歌、圣朱利安和波亚克——它们在吉伦特河口的左岸排成一排，延伸至大梅多克葡萄生长区的北部。今天，梅多克四个一级庄全部来自玛歌和波亚克。如果仅仅观察梅多克地区葡萄园典型的砾石表面，很难了解到其中的区别。但是扎根颇深的葡萄树显然了解。梅多克三个最知名的庄园都位于深厚的、排水性佳的砾石河岸，混杂着起关键作用的黏土和淤泥层。向北进入另一知名葡萄酒产区圣埃斯泰夫，黏土在沉积物中的比例更高，阻碍了排水。葡萄树不喜欢根部潮湿，而圣埃斯泰夫以北的土壤变得十分厚重，葡萄园开始逐渐减少。

在这三个重要村庄以南，砾石逐渐增加。但许多人认为，玛歌南部的葡萄园，尽管在相对粗糙的砾石上土壤单薄，但却产生了一种平衡，能生产出最佳的红葡萄酒，特别是在雨水多、排水性极为重要的年份。在整个梅多克，葡萄树需要努力寻找它们所需的适度的湿度和养分，即使在玛歌这样的环境下，它们也许必须最为努力。但是玛歌产区的旗帜——知名的玛歌酒庄，似乎有一点不同。地质学家詹姆斯·威尔逊（James Wilson）认为，玛歌酒庄葡萄园最珍贵的特点被称为"高地之上"，它位于淡水石灰石基岩上，这意味着葡萄树的根部必须穿透岩石裂缝，用它们所遇到的任何杂质来滋养自己。这一情况就像多尔多涅河以东的圣埃美隆和波美侯地区一样(这里葡萄酒的价格可以与梅多克匹敌,甚至超过梅多克),访问者可以下到石灰石中挖出的酒窖,抬头就能看到葡萄树的根从上面穿透下来。价格较低(尽管评价极高)的白葡萄酒,则被种植在玛歌酒庄一片位于海洋泥灰岩的区域之上。

人们通常认为,来自玛歌法定产区的葡萄酒比波亚克周边以北的葡萄酒更柔软,更"女性化"。波亚克的红酒由于其"男性特征"而知名,它们更强硬,丹宁紧实,又不失细腻。这里的地形和土层复杂多样。一级酒庄拉图位于波亚克砾石区"南叶",与大部分评级酒庄分离,靠近吉伦特河。它所在地区的砾石平台相当厚实,包括一些非常大的石头,以及黏土和淤泥层,上面还有一些富含蛤蜊壳的泥灰质沙。一级酒庄拉菲和木桐位于"北叶",和水域相隔较远,但是仍在排水性良好的砾石之上。由此高度一致性可以推断:为了在这一传奇的葡萄生长区域收获最好的水果,必须将葡萄树种在深厚的、排水性良好的土壤中,但要有可获取的地下水,以及可以保持湿度和营养的细土层。根部喜欢稳定的环境,当所有这些条件都满足时,葡萄树可以将其根部伸向底层,尽可能多地获取土壤中的有益成分,同时与近表面的、更易变化的土壤环境隔离。

考虑到这些因素,波尔多大学的一位研究者吉拉德·西奎(Gerard Seguin)在 20 世纪 60 年代认为,梅多克葡萄树的完美的生长条件,是因为位于最初由河流形成的古老排水渠道之上,但是后来随着主渠道的迁移,它逐渐被洪水沉积物所填满。这样,底层土壤将会异常干燥,使葡萄树不得不将根下探数米,逐渐穿透淤泥层并延伸出更多细根。由此推断,一级酒庄是最接近于深层排水渠道的,而级别较低的则越来越远。对于葡萄树来说,土壤下面的内容通常与土壤本身同样重要。

葡萄酒的自然史

尽管在波尔多,表层的特点似乎并不是重要的因素,但并非所有地方都如此。梅多克早期"克莱雷"(claret,是 clairette 的滥用,这一名字是指直到 18 世纪波尔多葡萄酒商主要向英国出口的深色桃红葡萄酒)的竞争对手是著名的、风格极为不同的卡霍尔黑葡萄酒,它是由马贝克葡萄(当地称为欧赛瓦)酿成的,颜色深,令人回味。虽然马贝克葡萄今天只是一些波尔多混酿酒的极小组成部分,但是在那则被种植在加龙河(Garonne)主要支流洛特河(Lot)山谷的腹地。洛特河流经被严重侵蚀的石灰石地质,远离海洋的调节作用,卡霍尔的天气比波尔多更极端。因此,任何可以缓冲气候和湿度大幅度波动对土壤产生影响的方法,都会受到酿酒商的欢迎。虽然在从洛特河谷底冲积出的砾石上也种出了卓越的葡萄,但公认最佳的卡霍尔葡萄酒还是来自谷边高地,或者来自被严重风化的高原,那里富含铁的石灰石土壤有着良好的排水性,表面布满平坦的石灰石卵石。这些卵石可以保持并分配湿度,保护其下的土壤免受高温高湿环境的侵蚀,从而保证了葡萄树根需要的稳定环境。由于颜色较浅,这些卵石还可以反射阳光和热量到叶片和叶片阴影下的葡萄上,加速成熟的过程。对于其他农作物种植者来说如噩梦一般的土地表层,对于卡霍尔饮用者来说却是福音!

也许新世界最有名的葡萄种植区是加利福尼亚北部的纳帕谷。它位于一片广阔大陆的边缘,几百万年以来不可想象的力量与邻近的地壳构造作对抗,使得该地区有着非常复杂的地质结构。纳帕谷腹地(葡萄种植区其实要更大一些)是一片宽 5 千米的平坦地区,地形条件极佳,在卡纳罗斯和卡里斯托格之间延伸近 50 千米。在它的南边和西边绵延着玛雅卡玛斯山脉,而北边和东边以瓦卡斯山为界。

瓦卡斯山主要由属于纳帕火山的岩石组成,谷底的丘陵也是

起伏的纳帕山谷葡萄园一景

如此。在山谷另一面也找到了相似的岩石，但大部分玛雅卡玛斯山脉是由名为大峡谷序列的这类岩石构成的，主要是海洋砂石和页岩的扭曲排列。各种各样的岩石堆积成了纳帕谷墙，为谷底沉积岩提供了丰富来源，而其他的沉积则是由纳帕河从远处带来的。

在《酿酒者之舞》中，地质学家乔纳森·斯文切特（Jonathan Swinchatt）和大卫·豪威尔（David Howell）提出，谷底所有的沉积岩都是最近累积的（地质概念上的），其前辈们被纳帕河冲出，那时在最后一个冰川时代形成的冰盖大规模扩张，将大量的水冻结。冰盖扩张高峰出现在大约1.8万年前，水的冻结造成海平面下降到今天的海岸线约100米以下，令旧金山湾地势高而干燥。在这一过程中，纳帕河被赋予了新的能量，在流入萨克拉门托河和大海的过程中，从山谷冲刷下大量沉积物。因此斯文切特和豪威尔认为，今天山谷表面的沉积岩可能是在1万年到5000年前左右才形成的，导致在地表土壤还没来得及衍变成熟。

葡萄酒的自然史

谷底地面是未成熟的土壤，而其陡峭和严重受侵蚀的边缘上是一层薄土，纳帕谷似乎不太可能成为生产世界顶级葡萄酒的地方。但是只要尝过纳帕的优质葡萄酒，就知道并非如此。不过，即使附近加利福尼亚的投资者对纳帕有着强烈的兴趣，葡萄树也没有布满整个山谷。风土显然又发挥了作用，沉积岩的起源明显是重要考量。

为了解决这一问题，斯文切特和豪威尔提出，将纳帕谷的土壤宽泛地分成三个种类：残余土壤、冲积土壤和河积土壤。残余土壤由那些仍然附着于周边山脉的沉积物组成。冲积土壤是指携带着沉积物的小溪到达谷底，流速减缓，沉积物堆积而成的。河积土壤则是直接由纳帕河沉积而成的。

斯文切特和豪威尔认为，残余土壤的演变很糟糕，排水性极好，养分稀少。这些特点给葡萄树带来了巨大的环境压力。这样环境下的山间葡萄园所酿制的葡萄酒，结构紧致、集中浓郁、浓度高：尽管年轻时有些艰涩，但陈化之后会变得优雅。

山谷边缘的冲积沉积岩有时会延伸到河边，其中富含不同比例的砾石、沙、淤泥和黏土。纳帕谷底一些最为著名的葡萄园位于这些层级之上的"工作台"，但不是所有的冲积沉淀都相同，许多太细的沉积土或不恰当的土壤深度，会使葡萄树难以长出最好的葡萄。一些最好的冲积型葡萄园面向山谷，那里的沉积岩总体来说更为粗糙一些。排水性好在此再次成为关键，但要有充足的养分。但是得再一次强调，微小的区别很重要。这是因为一些冲积土壤出产了非常出色的酒，比山地葡萄的酒更富于变化，而有些冲积土壤出产的只是平庸之作。

河流沉积土对于葡萄种植者来说是最困难的，因为它们养分充足,会促使葡萄树枝叶过于茂盛。过度生长的葡萄树很难管理,斯文切特和豪威尔指出,在纳帕,仅从河流沉积土中生长的葡萄树并没有产出获得高度评价的葡萄酒。他们还观察发现,总体来说,在这种环境下生长的葡萄树酿出的葡萄酒有一种植物的香气。

看起来,尽管我们很难用科学解释清楚为什么一个地点非常适合葡萄种植,而附近的另一地点就不行,土壤显然是生产优质葡萄酒的关键因素。好的底层土质对于葡萄树的生长来说是一个必要条件,它拥有一级葡萄酒所需要的化学成分,但并不是生产最佳葡萄酒的一个充分条件——即使只是种出比较特别的葡萄也不够。就像葡萄树种植、葡萄采收和酿酒等每一个步骤都有很多意外一样,风土也还包括土壤以外的许多东西。其中一个非常重要的因素是气候。

◆ ◆ ◆

风土是一个地方的核心,而对任何地方来说,气候都是最重要的影响因素之一。但是,气候非常多变。从广义上说,气候是地球表面某一特定地区天气——全年,或几十年来——的平均状态,通过气温、气压、降水、云量、风速和一些其他变量来表达。每个变量受多个因素影响,包括海拔、纬度、地形以及与水域的接近程度。但是正如平均人不存在那样,平均日或者平均年也不存在。

葡萄树可以在相当广泛的地区生长:我们享用过正好位于赤道的肯尼亚里夫特山谷的葡萄酒,而阿拉斯加至少有四个酒庄。但是考虑到葡萄树的地理起源,无疑葡萄树在30度~50度纬度的地中海气候区生长得最好。气温与日照密切相关,在调节葡萄树生长的基本生理过程中至关重要,比如呼吸作用和蒸腾作用,因为植物的很多生理活动在10摄氏度以下就趋于停止了。在高温环境下,植物会快速成熟,被灼伤或者消耗其他重要的化合物而过快

葡萄酒的自然史

地累积糖分；如果气温过低，糖分就不会充分形成，果汁的酸性成分就会起主导作用。霜会毁坏植物，特别是在生长初期，刚长出新枝和嫩芽的时候，冬天的霜冻则会直接杀死葡萄树。降雨是另一个重要因素，特别是在生长季节，过多的雨也许会促进霉菌的生长，如果太接近收获季节下雨，则会稀释葡萄的汁液。在年降雨量不足 70 毫米的地区，葡萄树也许需要灌溉，尽管给地表浇水可能会使根不往下扎。风也是重要的，有时给葡萄树降温，而在另一些地区会使它们变暖。

幸运的是，有许多地方可满足葡萄树的基本需求。但不可否认，一些地方生产的葡萄酒之所以要好于其他地方，气候在其中扮演了重要角色。应对地区气候不同的方法之一，是种植适应不同气候的品种，所以德国和法国北部种植者倾向于种植像西万尼和霞多丽这样的葡萄绝非偶然，而在西班牙南部，他们选择种植奇皮奥娜和奇克拉纳——它们在炎热和极度干燥的 2012 年有卓越的表现，尽管产量较低。但是，出色的赤霞珠可在波尔多和纳帕这样的地区广泛种植，而伟大的黑皮诺则可以来自如此迥然不同的地区，如俄勒冈和勃艮第。

更重要的是，即使在某些特定的区域，微气候和产品质量也可能有巨大的差异。地形永远是重要的因素，正因为此，需要做出妥协。比如，如果葡萄种植者决定将葡萄园安置在山坡高处以获得更好的排水，那每株葡萄树面对太阳的角度和获得光照的多少，根据其在坡上的位置必然会有所不同。如果葡萄园所处的坡度较大，那每一排葡萄树的光照程度都不一样。山坡的高度、坡度以及空气下降的速度，都对每一株植物的微气候有所影响，即使把土壤本身排除在外。这又使我们像以往一样，回到了风土这一神奇的因素。

从更大范围来说，大型葡萄种植区域气候的情况是比较容易概括的。波尔多地区的海拔与新斯科瓦省的相近，但地势较低，并与大西洋毗邻，后者带来的温暖墨西哥湾流起到了调节作用。从西部一直吹来的盛行风带来了海洋的湿度，提供了整年的降雨，以及可以抵挡太阳直晒的雾。海岸沿线的森林使葡萄种植区免受含盐的低层风力的影响。在梅多克，冬季凉爽，并不特别寒冷，夏季虽然也比较温暖，但由于云层的出现，缺少光照可能是个问题：波尔多伟大的年份通常被认为是来自炎热的年份。尽管梅洛葡萄占领了波尔多的东部，赤霞珠占领了西部，当地酿酒业的传统却是混酿不同的葡萄品种，以应对天气的突然变化，这些葡萄各自有不同的成熟期。

纳帕谷位于波尔多以南7个纬度，气候完全不同。它被山脉包围，与西部的太平洋和东部半沙漠的中央山谷都有一段距离，冬季凉爽湿润，夏季炎热，但某种程度上浓雾可以起到调节作用。这些雾是温暖潮湿的太平洋空气与寒冷的洪堡洋流在近海岸相接触时产生的，它们被中央山谷地面升起的热空气气流带到纳帕谷内。纳帕不规则的地形造就了多种微气候，带来了令人头晕的不同光照、坡度和海拔。与梅多克相比，纳帕每年的微气候相对稳定，确保了品质的稳定，并使葡萄种植者可以集中种植最适合每个地块的葡萄品种。

但是，纳帕比波尔多要暖和得多，人们也许要问，纳帕著名的赤霞珠和梅洛（这两大品种都更适合凉爽的环境）是否是种植在山谷的最佳葡萄。也许南法，甚至是西班牙或西西里更典型的品种，会更合适这里？这个观点不错，但是可以从两方面来反驳。在纳帕也许确实存在诸多不适宜种植的赤霞珠。纳帕的许多赤霞珠更像水果，缺少最优质波尔多所拥有的丹宁结构带来的和谐和优雅。但纳帕是一些优质赤霞珠的家乡——它们大多生长

葡萄酒的自然史

在山脉边缘凉爽的高坡上，或者在结构、起源和光照与梅多克相当不同的火山土壤之上。事实上，我们 2013 年进行了一次非正式的对比，对象是邓恩酒庄豪威尔山葡萄园的几瓶有些年代的赤霞珠年份酒(它们生长于纳帕山谷北部末端，接近卡里斯托加的高海拔处)，以及几瓶来自波亚克超二级酒庄靓茨伯的以赤霞珠为主的年份酒，结果显示，这两种酒有颇多共同之处。这与我们，以及我们的东道主迈克·迪尔祖拉提斯(Mike Dirzulaitis)的预期很不同，尽管它们相当接近，但在大部分年份里，加利福尼亚的葡萄酒更胜一筹。

✦ ✦ ✦

　　所以，我们如何认识风土？所有的酿酒师和葡萄酒爱好者都同意，种植葡萄的地方有好坏之分。但是，不同葡萄园的差异可以追溯到无穷的因素上，从它们生长的物理介质到海拔、纬度和某个特定地区的光照上。此外，不同种类的葡萄树如何在不同的生长环境下生长得更好，这也取决于土壤和微气候。葡萄园的规模也会影响对葡萄酒的预期——在极端的情况下，某一特定的风土也许不会超过一块大桌布的范围。但这只是开始。最终对于风土的评价是葡萄酒品质的卓越程度，它不仅深受葡萄树生长地区的影响，还取决于它们被修剪、整形和灌溉的方式——或者不被如此处理——甚至被它们的间距以及当地的微生物环境所决定。所有这一切还仅仅是在葡萄被送到酒窖之前(哦，还有采收之前等待了多长时间)，在酒窖里按照各种各样的流程和规则，它们被压榨、发酵、熟成。在种植葡萄树到饮用葡萄酒之间发生了这么多事情，而将其中任何一个因素的影响隔离开来，都是不可能的。

　　但是，只有狂热者才会否认风土必须意味着什么。如果我们只看到风土中"土"那一部分，我们也许会错失重点。风土有着更广泛的意义，它包括酿酒过程中所包括的物理的、生物的和文化的等方面。毕竟，是葡萄树自己知道它想要什么，在哪里可以发挥得更好。当然，它们对于自己的好恶是沉默的。但是，它们会通过自己的产品来表达意见，很长一段时间以来，人们一直在聆听。所以，让我们感谢一代代酿酒师们的聆听，他们由此判断出在哪里种植葡萄，以及怎么酿制葡萄酒是最好的。我们还要感谢那些在我们这个时代，利用最先进的技术，努力工作以确定最佳地点并酿造出最好的葡萄酒的人们。

最后，葡萄酒最迷人的地方，就是它的纯粹的多样性，这有许多原因，包括前文提到有关风土的任一组成部分。因此，对卓越葡萄酒的追逐令人投入，但并非一成不变，并有着多种演变方式。今天的罗马人不再需要使用其长子继承权，以获得种植在费勒尔努斯山坡上的葡萄；现在，这个已经变得模糊的地点只是坎帕尼亚诸多放弃了阿米尼亚葡萄树改种艾格尼克的地区之一。也许一千年以后，蒙哈榭将只是另一个霞多丽（或其他的什么）的种植区；也许那里会涌现出一个购物中心，人们把来自乞力马扎罗山的霞多丽奉为极品，又或者，它仍将是世界上最伟大的葡萄园。只有时间会知道答案，可我们依旧奢求能掌控一切。

葡萄酒的自然史

1   Le Montrachet, Le是法语中的阳性单数限定词, 它指后文提到
的夏瑟尼蒙哈榭, 而普利尼蒙哈榭是Montrachet, 没有限定词

2   文艺复兴巨匠

◉ WINE AND THE SENSES

*

葡萄酒与感官

葡萄酒与感官

　　还有什么比香槟更能使感官愉悦的葡萄酒？它的气泡在杯中升腾；它跳跃着在耳边呢喃；它拥有各种香味，从坚果到成熟的梨再到新鲜焙烤的蛋糕卷；它用细腻的气泡袭击你的味蕾；一瓶伟大的香槟用一连串感受挑逗你的舌头，然后恋恋不舍地缓慢消失。葡萄酒所能刺激的每一感官，香槟都能做到。世界各地都出产不错的气泡酒，特别是意大利和加利福尼亚，但没有什么比饮用一瓶在香槟区生产的香槟更妙的了。

葡萄酒的自然史

伽利略因为观察地球在太阳系位置的奇特方式，以及随后与梵蒂冈的矛盾而举世闻名。但是，在伽利略的宇宙论引起骚乱很久之前，他曾写过一本卓越的著作，名为《试金者》。这本书出版于 1623 年，涉及多个科学领域，特别关注视觉。科学历史学家马克·皮可里诺（Marco Piccolino）和尼古拉斯·J. 瓦德（Nicholas J. Wade）最近指出，伽得略对感知的哲学极具创造力。皮可里诺和瓦德引用伽利略的话称，"我们应该清晰认识到，没有生命，就没有光明和色彩。在生命，特别是高级生命到来之前，所有的一切都是黯淡无光的，尽管太阳仍旧照耀，依然沧海桑田。"伽利略的意思是，尽管星球的物理属性是存在的，但直到它们通过我们的感观被表达出来之前，从感知上讲是不存在的。这一理论适用于葡萄酒，以及其他的一切，伽利略这个将葡萄酒描述为"通过水聚集起来的阳光"的人，并没有遗忘这一点。正如他在《试金者》中提出的那样，"一瓶葡萄酒的好味道并不取决于葡萄酒的客观决定因素，也就是物体，甚至是被认为是表象的物体，而属于享用美酒主体的感知特性。"

伽利略敏锐地告诉我们，要描述一种葡萄酒的味道、感觉、外观、声音和气味，需要了解感官是如何工作的。任何曾参与过品酒会的人都知道葡萄酒品尝的 5 个 S：观色(See)、摇杯(Swirl)、闻香（Sniff）、品尝（Sip）和回味（Savor）。这 5 个 S 直抵我们五个感官中的三个：视觉、嗅觉和味觉。还有两个感官与葡萄酒似乎很少联系——听觉和触觉。但忽视它们是错误的。没有什么比香槟酒瓶"嘭"的一声被打开更令人心满意足了，不管那些落魄的纯粹主义者怎么想（他们更喜欢一种伪装的咝咝声）。更重要的是，人们"听说"的对某款葡萄酒的评价，往往会影响对它的印象。事实上，投资几百万美元的葡萄酒广告正是依靠葡萄酒鉴赏中"听"的作用。至于第五感官触觉，对我们认识葡萄酒也非常重要——不是通过我们的手指，而是通过我们位于口腔和喉咙的触觉传感器。如果我们不能"感觉"到口中的酒，我们对它的体验是不完整的。

让我们从视觉开始。颜色对于鉴赏任何葡萄酒都是很重要的，葡萄表皮的颜色也许源于吸引鸟类的需要（鸟类有精致的颜色视觉）。地球生物的眼睛进化了20多次，很有可能鸟类的眼睛和我们的眼睛起源相同，它们有很多功能上的相似性。因此，有理由认为，在某种程度上，也许从生物的角度来说，人们也容易被葡萄的各种颜色吸引。人们似乎更喜欢红色，而非蓝色、绿色和黄色，而我们如何认识红色，在形成对葡萄酒的喜好中是非常重要的。

人类对光线有复杂的研究历史。一些人认为它是粒子，另一些人则认为它是波；事实上，最好的描述方法是它既是粒子，也是波。但是，正是光的波属性使我们的眼睛能够发现具体的颜色。由于我们的眼睛和大脑可以辨别在很小一部分波长光谱中的反射光非常细小的差异，事物才有了不同的颜色。可见光的波长从光谱紫色末端的 0.4 微米到红色末端的 0.7 微米。白光是所有这些波长的混合。不同的颜色在可见光谱范围内占据了特定具体的波长。

我们认为葡萄酒和其他的物体之所以有颜色，是因为它们反射光波，或光波从它们中穿过。周围的白光是由光谱的所有颜色组合起来的——红、黄、绿、蓝、青和紫。当我们看到白色的东西时，我们其实看到的是所有光谱的颜色融合在一起。一个物体呈现出来的样子是由它吸收或反射"彩虹"中哪些颜色的光所决定的。比如，当白光射入，红葡萄吸收了除光谱红色端以外的所有彩虹的颜色。它反射的是红色，所以我们看到了红色。同理，所谓的白葡萄（其实是绿色或浅黄色的葡萄）吸收了光谱中除了绿色和黄色波段的所有光。

反射的光波冲击我们眼睛后部视网膜的敏感细胞。那里所发生的一切，很大程度上是分子的故事。视网膜就像一片玉米田，包括许多长而细的细胞，它们被称为视杆细胞和视锥细胞。它们与大脑后被称为主视觉区"联网"的神经细胞相连。视杆细胞和视锥细胞紧挨在一起，但它们结构不同，支持着不同种类的蛋白质，在它们最放松的状态时，是简单的线性分子，就像一根绳上的珠子一样。

视神经的动力来自于被称为视蛋白的这类蛋白质。视蛋白通过环绕细胞膜7圈，而将自己固定于细胞上。这种缠绕使蛋白线上的部分珠子暴露于细胞之外，而其他则在内部。当被特定波长的光线击中，外圈珠子的特殊部分使得蛋白质翻转，从被称为"顺"的形式转化为"反式"。这些翻转异常准确，并对应冲击视网膜的具体波长。这种波动引发了细胞内部的连锁反应，它们作为一种电潜力被传播到神经系统和大脑。

我们的视杆神经细胞膜含有视紫质，它是视蛋白的一种具体类型。当单色光（波长非常窄的光）冲击视网膜时，视杆细胞就被刺激。到夜里，所有的光都作为单色光被传递到眼睛，所以视紫质是夜视的重要组成部分。相比之下，我们的视锥细胞拥有4种视蛋白，这使我们拥有了4种不同的视锥细胞。它们被方便地命名为对长、中和短波敏感，也就是 LWS、MWS、SWS1 和 SWS2。它们每一种在视网膜内就像一个开关，能启动大脑的具体部分，识别某一种冲击视网膜的特别光波。LWS 视蛋白识别红色波段的光，MWS 识别绿色波段，而两个 SW 分别识别蓝色和紫色。

由于视蛋白在识别不同波长的光时多有变化，大部分人的眼睛对于光线的变化很敏感。但只有识别不同波长的视蛋白能恰当工作时才会如此；大部分阅读此书的人很可能已经知道，有些人是红绿色盲。（欧洲后裔中每 8 个男性中就有 1 人如此）。这些人不能分辨冲击其视网膜的红色和绿色，因此不能分辨红葡萄酒和薄荷酒之间的区别（在不闻的情况下）。

如果一个人只拥有四种视锥细胞视蛋白中的两种，就会有两色视觉。只有能刺激这两种视蛋白波长的光是可见的。事实上，大部分人类是三色视觉，尽管他们拥有所有的四种视蛋白。这是因为其中一种 SWS 视蛋白被吸收所阻碍，不起作用。在过去的 10 年里，视觉专家们开始发现，有一些人是真正的四色视觉（全部是女性），她们拥有四种全面起作用的视锥细胞。这些人看到的颜色数组，比 136 色 Crayola 蜡笔的色调和渐变要丰富得多。研究者估计，加上第四种视锥细胞的功能，可以使这些人比三色视觉的人多分辨 100 到 1 万种颜色、色调和渐变。

葡萄酒富含花青素时，看起来就是红色的，花青素是一类吸收白光某一特定波长的化学物质。在植物中已找到超过 250 种不同的花青素，它们像光海绵那样工作。它们最高效吸收的光的波长约为 520 微米。这意味着所有的绿色光和黄色光都被吸收了，只有波长在 620 微米以上的光波能被反射到我们眼中。吸收系数的另一面就是传播系数：比如，穿过葡萄酒杯的光如果波长在 650~700 微米，葡萄酒就会显得非常红。

如果我们都是四色视觉，就可以轻松分辨颜色的细微差异——那就需要发展相当复杂的词汇来应对。但我们大部分人都不是，所以我们没有这样的词汇。为了弥补这一缺憾，测试葡萄酒颜色和色调的技术方法得以发展。因此，葡萄酒是如何吸收光线的背后的科学是非常先进的，酿酒师也正开始关注这一点。

葡萄酒的自然史

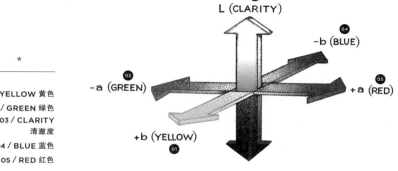

*
_____

01 / YELLOW 黄色
02 / GREEN 绿色
03 / CLARITY
清澈度
04 / BLUE 蓝色
05 / RED 红色
_____

葡萄酒的颜色轴

　　葡萄酒的颜色由三大组成部分组成。首先是深度。这是对葡萄酒颜色有多深的简单量化，是对三个不同波段光线的吸收结果。一个装着葡萄酒的小玻璃容器样本被放置于分光光度计内。这一机器用不同波段的光照过葡萄酒，并测试呈现的光。穿过的光线是与葡萄酒中吸收光线的化学物质（比如花青素）的量成比例的。通过葡萄酒的光大约在可视光谱的三个点上：420 微米（紫色）、520 微米（绿色）和 620 微米（红色）。葡萄酒的颜色浓度是这三个波长的吸收系数之和。

　　第二个测试葡萄酒视觉质量的因素是色调。这是一种科学测量，用 420 微米的吸收系数除以 520 微米的吸收系数。它计算出葡萄酒中紫色和绿色物质的比例，专家们认为这很重要。第三个，也是最常用的测试颜色的方法，是将吸收系数的数据与结合了颜色三个方面的宽泛范围的光谱结合起来。首先是清澈度或亮度（L：图中的纵轴），它测试葡萄酒的黑白度。打分范围为 1~100，如果 L 值接近 100，葡萄酒就更白；更接近 0，葡萄酒就更黑。图中的其他两个轴是 a 和 b。a 轴衡量酒的红色程度或绿色程度（+ 是红色，- 是绿色），b 轴衡量酒的黄色程度或蓝色程度（+ 是黄色，- 是蓝色）。

这样，分光光度计就像精确到可视万物的眼睛，跟那些拥有四色视觉的女性很像。但是这一机器对颜色并没有女性可能会有的审美反应。

那么，我们为什么这么想准确地知道葡萄酒的颜色？有几个原因。首先，葡萄压榨和最初的发酵过程对葡萄酒的总体颜色有着巨大的影响。具体来说，葡萄表皮与葡萄汁接触的时间影响到葡萄酒的颜色，相应地影响到葡萄酒中需要的成分能多大限度地被提取。这直接影响到酒体是否饱满，因此，酿酒师可以将颜色作为判断葡萄酒厚重或轻盈的指标。颜色与结构匹配的葡萄酒，才是人们想要的。

酿酒师已经了解到，颜色还可以提供关于葡萄酒质量、结构或年代等其他重要特点的信息。比如，葡萄酒的颜色受其含酸量的影响。另外，颜色并不是固定不变的。随着葡萄酒逐年陈化，它内含的不同化合物和酸发生反应：红色葡萄酒随着时间的推移，将从深红色变成茶褐色。白葡萄酒的颜色会逐渐变深，而真正有年代的酒有时很难通过观察来了解它原来的颜色。此外，葡萄酒陈酿的容器也会对颜色产生影响，特别是橡木桶，它会添加化学物质到酒中，改变酒的颜色、香气和味道。最后，不同葡萄酒的混合也需要通过严格的颜色监控来进行控制。桃红葡萄酒直接来自于酿酒师精确分析颜色的能力。

嗅觉对于鉴赏任何优质葡萄酒的主要特点来说，都是关键的。品酒者在品酒之前先闻一下酒是有充分理由的。我们的味觉是有限的（我们有 5 个基本味觉），但我们的嗅觉是很复杂的。品酒前先闻酒，可以加强从优质葡萄酒中获取的多种感觉，帮助品酒者快速辨别优质酒和绝佳酒之间的差别。

葡萄酒的自然史

在接触到鼻子如何工作的细节之前，我们首先需要了解鼻子通常是如何欣赏和描述葡萄酒的。有三个词经常出现：芳香（aroma）、酒香（bouquet）和臭味（odor）。芳香指的是葡萄酒基本化学成分所释放的香气。酒香则用来描述发酵和陈酿过程中发展出的味道，是葡萄酒自身演变的产物。臭味则是描述不好的气味，往往意味着葡萄酒已经变质。

发展中的葡萄酒是化学品的大集合，比如糖、苯酚和酸，它们可以相互作用，产生新的分子。所以，同一款酒在发展的不同阶段有着不同的气味，尽管这些反应中的大部分发生在发酵过程的早期，芳香（甚至是臭味）的主要变化在这一阶段快速发生。随着发酵的进行，芳香的变化逐渐变缓。

嗅觉通过对特定气味分子的探测来实现。就像所有其他分子一样，酒中的分子并不仅仅因为构成它们的原子有所不同而不同。它们之所以不同，还因为这些原子的排列顺序有所不同，使每一个分子有独特的大小和形状。设想我们倒了一杯葡萄酒。在瓶子被开启后，葡萄酒中的分子开始在空中浮动，而大部分停留在倒入杯中葡萄酒的表面。这些悬浮在空中的分子有几十亿个，多达几百种：酒精、酚类、酯类。它们中的许多能很容易地飘浮于空中，因为它们具有挥发性，而其他的则停留在酒液中，必须通过杯子的晃动才能释放出来。在这一阶段，我们的鼻子开始鉴别葡萄酒分子成分的复杂性。葡萄酒杯之上的空气从很多方面上来讲，很像拼图的碎片，等着被拼成一幅完整的图画。这一过程从鼻子开始，它快速地分辨出分子代表的种类和相应的数量，这些信息然后被大脑快速有效地分析。

这是怎么完成的？找一面镜子，略微抬头，看看你鼻子的里面。只要有一点光，你就可以看到它的内壁，也被称为鼻黏膜。如果用显微镜拉近，你会看到它由小绒毛覆盖，这些小绒毛被称为纤毛。

纤毛浸泡在一层薄薄的(0.6微米)的黏液中,可以有效地捕捉从葡萄酒中散发出的化合物,使纤毛快速与它们接触。一旦纤毛表层的细胞与这些物质接触,就会发生与眼睛相似的连锁反应,尽管它更不好理解。

关于嗅觉的研究有两大学派。一派认为鼻子使用类似锁和钥匙的机制来工作。物质进来与纤毛细胞接触,后者的气味感受器植根于其细胞膜中,就像视网膜的视蛋白一样,部分感受器位于细胞之外。当物质与相匹配的感受器接触时,它就连接到感受器的蛋白上。这导致蛋白改变形状,激发纤毛细胞的连锁反应,产生的电潜能被适时地传送到大脑最临近的部分——嗅球。球中的中子将这种气味对应其原化合物。就像视觉一样,冲击我们大脑的,就是我们所闻到的。

第二种推断由生物物理学家卢卡·图灵(Luca Turin)所主导。与锁与钥匙机制不同,图灵主张我们闻到的化合物会发生震动,不同的物质以不同的方式震动。这些震动导致气味化合物传递一个电子到纤毛细胞表层的感受器,引发感受器的反应,启动连锁反应,最终被我们的嗅球所发现。

不管哪种机制是正确的,分辨冲击鼻子感受器许多不同的味道分子的能力,来自拥有大规模的不同感受器。视觉仅有四种视锥细胞。但人类的基因组包括约900种气味受体基因,它们被发现存在于鼻子通道的不同纤毛之上。这是为什么我们的鼻子可以如此清晰地分辨葡萄酒散发的约100种不同的化合物,进行一种让人无法想象的组合排列。

◆ ◆ ◆

喜剧演员乔治·卡林(George Carlin)曾问道,"哪种葡萄酒与麦片最配?"这也许并不像听起来那么不足为道。实际上,许多人花费大量时间研究哪些食品应该配哪种葡萄酒。这种尝试并不无聊：葡萄酒的味道会与所有其他试图俘获我们味蕾的物质密切互动。

这一过程开始于舌头。品一杯好的深红色葡萄酒——比如说，年轻的赤霞珠。啜一口，让它浸润你的舌头，然后看看镜子。你的舌头就像一片长了紫色蘑菇的田地，或有着一片紫色小钉的地方。这些小钉被称为菌状乳头，尽管肉眼看不到，但它们其实是不一样的。每个乳头由 50~150 个细胞组成。在每一组细胞的顶部有一个小孔，被称为味孔。细小的毛发（微绒毛）从这些孔中伸出，与我们放入口中的物质上的分子相接触。微绒毛实际上是细胞，内含可以传递味道的分子的受体蛋白。

我们的味觉比嗅觉所拥有的受体类别要少。主要有五种味觉：咸、甜、苦、鲜和酸。苦、甜和鲜的感受模式与嗅觉相同。也就是说，尝起来苦和甜的东西会释放它们自己的独特小分子。它们来自放入嘴中的食物，并与微绒毛上恰当的受体互动。这导致细胞内部的连锁反应，并转化为一种电子脉动。相应的，这一脉冲由神经细胞从受体细胞传入大脑。而咸和酸被认为通过另一套不同的交互来识别。咸和酸分子并没有绑定某一受体蛋白，它们改变释放电离子的集中程度，从而改变微绒毛细胞膜的动作电位。这些动作电位被送入大脑进行解读，就像来自甜、鲜和苦味的动作电位一样。

不久前，人们还认为舌头的四个不同区域品尝不同的味道。那就是，苦味位于舌头末端；酸味是在舌头中段的两侧；咸味是在舌尖的边缘；而甜味在舌尖。这种关于舌头不同味道区域的思路，使一些葡萄酒杯制作者据此重新设计了酒杯，这种做法受到质疑。他们认为，不同形状的酒杯将酒液送到舌头或口腔的特定部位，也就是到某个味觉受体上。相应的，生产者兜售其产品时，会说

*
_____

01 / BITTER 苦
02 / SOUR 酸
03 / SALTY 咸
04 / SWEET 甜

_____

这一舌头的图像显示了味觉受体
所在的粗糙舌头表面。早期关于舌
头味觉感受器的理论之一是；五种
味觉中的四种是位于舌头之上的。
但这一理论现在已经被抛弃。

某一款酒杯是特别为霞多丽或赤霞珠所设计, 能提升葡萄酒的口
感。一家公司宣称, 其生产的酒杯能把葡萄酒引导到舌头中心, 而
另一种则可以到达舌尖。相应的推荐是, 前者适用于中等酸度的
葡萄酒, 而后者适用于酸度更高的。

这种说法也许有一定道理。但有两个发现使我们对此产生了
怀疑。首先, 对舌头上不同味觉受体的分子分析, 驳斥了这一器官
可划分出不同味道区域的看法。舌头上的菌状乳头是由乳头的不
均匀分布组成的, 它在发现五种不同味觉时并无不同。大脑并不
在意食物或饮料到达的区域。其次, 五种味觉中的鲜味, 则颠覆了
这个理论。鲜味是我们品尝被称为谷氨酸的小分子时产生的味觉。
它们存在于葡萄酒中, 但是舌头味觉"分区的理论"并没有品尝鲜
味的区域。

葡萄酒的自然史

如何将葡萄酒与食物的味道和风格结合起来，这个问题显得日益重要，尽管对食物和葡萄酒结合的基本原则已经存在几十年。第一个原则是，绝不要将葡萄酒与大蒜、辣椒、醋或新鲜水果一起食用。这些食物会掩盖葡萄酒的微妙口感。如果想想口中将味道的感官传递给大脑的受体，就很容易了解这些禁忌。大蒜、辣椒、醋和新鲜水果都富含可以与舌头中受体轻易发生强烈反应的分子，剩下很少的受体能够再接受葡萄酒的味道。同样的，这也适用于浓郁的或过油的食物，比如辛辣的斯提尔顿奶酪或富含脂肪的鹅肝；根据第二个原则，在这种情况下，建议慎重挑选葡萄酒——搭配更甜的酒，比如波特和贵腐。第三个原则是，喝白葡萄酒时不要搭配红肉，喝红葡萄酒时不要吃鱼。这一禁令一直处于相对动摇的状态，今天，厨师们常使用红酒来煮鲜鱼，这是完全可以协商的。饮酒的基本乐趣，是将葡萄酒和食物的具体味道和结构相配。

所以，真正能够检验食物和葡萄酒是否相配，要看两者的味道是否都得以提升。理解五个基本味觉受体以及如何刺激它们，将会带来更多令人欣喜且恰当的组合。所以，如果你正在吃咸鱼，你也许就不想再喝一种刺激咸味受体的酒。但需要记住的是，如果你吃的是咸的食物，饮用的是甜酒，葡萄酒就会比以往更甜。这是因为咸的食物会占用大部分咸味受体，舌头会忽视酒中的咸味，即使在它感受到所有甜分子的时候。你现有的受体会只品尝到甜味，因此葡萄酒会比你直接品尝时显得更为浓郁。当你吃甜的食物时，较酸或酒体较重的酒也许是最好的。近几十年来，厨师们在葡萄酒和食物的搭配上非常有创造力，但不管我们是否认可，成功的配对最终取决于我们味觉受体上看不见的化学原则。

✦ ✦ ✦

不同形状的杯子确实可以将酒液传送到舌头的不同位置，但是杯子的这一特性对于品酒是否有帮助还不明确。但是，将葡萄酒送到舌头什么位置并不是各种形状的酒杯的唯一作用。即使是非正式的实验也可以证明，杯子能够提高感官体验。

葡萄酒杯最重要的特点之一就是它的厚度，它削弱了触觉在整个饮酒体验中的重要性。又厚又笨拙的圆边将破坏饮酒体验，无论这种雕花玻璃容器的切割工艺有多昂贵。一个轻薄而又有清晰边缘的酒杯，会带来一种其他方式所无法带来的清晰度。

同样重要的是杯子的体积大小。葡萄酒的直接体验不仅来自于味觉，还来自于嗅觉，而葡萄酒在杯中需要空间来氧化和舒展，释放出芳香的和挥发性的分子，刺激嗅觉受体。更大的杯子在此具有更大的优势，特别是对于红葡萄酒来说。杯子的形状还必须能够捕捉和集中分子，以供鼻子来鉴赏。不过，红葡萄酒杯是否需要像某些参加商业奢华品酒会的人喜欢的那种超级大气球状，是否需要用不同形状和大小的杯子来饮用不同品种的葡萄酒，这些问题更具争议。

但是，我们可以确认的是，紧凑的杯子，如法国国家法定产区官方认定的郁金香形 7 ¼ 一盎司（215毫升）的杯形，在品尝时会减少杂质，并带来一种公平竞争的环境，但它们不够大，不足以带出葡萄酒可以呈现的所有东西。更好的解决方案是用相似形状，但容量大一些的（12盎司或350毫升）的全能玻璃杯——用薄水晶制成，一些生产商出品的相对并不那么昂贵。一些人认为，红葡萄酒需要容量更大或开口更大的杯子。在你自己独特的感官构造中，只有你能通过实践经验来决定哪种杯子——或哪类杯子，对你来说是合适的。幸运的是，我们有很多种选择。

有一种葡萄酒明确需要特定形状的杯子：起泡酒。在过去的几十年里，那种容易溢出的开放型杯子，据说是根据玛丽-安东尼的胸部来定制的，可以确保香槟以及其他各种起泡酒的气泡尽快

葡萄酒的自然史

地扩散，但现在已经被放弃。细长的笛形杯使以前这种笨重的容器黯然失色；前者不仅提供了观察气泡升起的最佳视觉享受，还可以使气泡停留的时间更长。但是，尽管笛形杯优雅紧凑，却还是招来了批评。过窄的笛形杯，弱化了起泡酒的香味，增加了它的酸度。相应的，许多专家推荐郁金香笛形杯，它们比普通笛形杯杯体更宽，开口更大。我们最喜欢的是一种宽大的内有空心管的笛形杯，它使饮用者可以获得观赏气泡从最下层往上升的乐趣。

正如吉拉德·里格尔－比拉尔（Gerard Liger-Belair）在其引人入胜的《打开瓶塞：香槟的科学》中所描述的那样，这些气泡——主要由二氧化碳气体组成，未开瓶时在压力作用下溶于酒中——需要杯子上的杂质来形成。气泡需要在至少 0.2 微米以内的真空内才能成形，今天，随着科技的进步，杯子本身的生产缺陷已经远小于此。所以从理论上来说，如果笛形杯是极度干净的，香槟就不会产生任何气泡。所有的气体会直接从液体表面进入大气，而不是从那些自下而上的神奇气泡流中升起。为缺陷喝彩！

✦ ✦ ✦

想想到达我们大脑的感官，在这个复杂的器官里，所有的感官信息被加工和合成。我们不只用感官品尝，我们也在用思想品尝。思想常受到一系列因素影响，而我们对这些影响往往不自知。我们的感官和常识可以被一系列外部因素带离正轨，这些因素来自于我们对正在饮用的葡萄酒已知的或自认为我们已知的内容。要弄清我们的大脑在评价葡萄酒这一复杂领域内如何工作——它们不仅仅是经济商品——是神经经济学的领域。

比如，要研究消费者喜好与酒价之间的关系，神经经济学往往进行盲法实验，也就是实验对象不了解实验的范围。斯德哥尔摩经济学院和耶鲁大学的研究者们最近进行了双盲实验——相关的实验对象和实验者都不知道范围。他们的样本包括 6 000 多名对象，其中有专家、偶尔饮酒者和新手。实验是很简单的。对象们被要求品尝一系列酒，然后按坏、一般、好或非常好来评分。酒的价格从 1.65 美元到 150 美元不等，而实验对象们并不知道价格。对每种酒的反应被记录在表格里，并进行了数据统计分析。现在，普通的葡萄酒购买者也许希望这一实验能表明酒的价格是与其质量相关的。这当然会使我们的生活简单化。但是，研究者们发现，价格和总体评价之间的关联度很小，甚至是负相关，意味着喜欢饮用更贵的酒的人更少。

为了进一步探究这一关系，加州理工学院的研究者们设计了一个实验，不仅测试人们喜好的动态变化，还测试大脑的哪个区域会控制因价格导致的喜好。为了确定位置，他们使用了一种被称为功能磁性回声影像（fMRI）的技术。使用这一方法来进行味道判断的困难在于，研究对象必须完全不动地平躺，所以研究者不得不发明了一种泵管系统（与那些水晶杯相差甚远）来将葡萄酒传送给研究对象。然后，研究者们使研究进一步复杂化，以明确对价格的了解是否会影响味道的认知。

首先，他们从三个不同的葡萄园购买赤霞珠，一瓶较贵的，90 美元；一瓶中等价格的，35 美元；一瓶特别便宜的，5 美元。他们的研究对象都是年轻的男性（21 岁到 30 岁），喜欢并偶尔饮用红葡萄酒，但不是酒鬼。他们把试验对象放在 MRI 机器里，连通传送管道，并告诉他们将品尝到五种不同的赤霞珠。每一轮，对象们被告知葡萄酒的假想价格（如表中所列），然后葡萄酒按照事先决定的顺序被泵入对象们的嘴中，持续一段时间。然后对象们被询问一系列问题，以确定他们对"五种"酒的喜好。这一实验证明，已知的酒价是决定喜好的重要因素。而且，大脑被称为内侧前额脑区底部的区域，在对象们做出选择时异常活跃。似乎

葡萄酒的自然史

Pricing Data In Caltech Neuroeconomics Experiment
加州理工学院神经经济学实验的定价数据

Offering 供应	price 价格	rice revealed to subject 告知对象的价格
1	$90	$90
2	$90	$10
3	$35	$35
4	$5	$5
5	$5	$45

我们都使用大脑的同一部分来对葡萄酒做出选择，至少是在与价格相关的时候。

实验清晰地表明，实验对象对研究中葡萄酒的喜好，受到价格的严重影响，并由大脑中的特定区域进行计算。这是一个开始。但是研究对象相对年轻，对品酒并不在行，人们自然想知道，专业品酒师是否也会同样被愚弄。这一实验目前还没有进行过，至少没有用 fMRI 机器测试过。但从文献来看，知识储备在大部分人品鉴葡萄酒的过程中，是非常重要的因素。

心理学家安托尼娅·马托纳基斯（Antonia Mastonakis）和她的同事们从另一个角度研究了先入为主。在给实验对象品酒之前，研究者先给这些人的脑中灌输想法，要么是他们此前"喜欢"饮用葡萄酒，要么是他们"厌恶"饮用葡萄酒。实验对象是否记得他们此前的饮酒经验，与实验其实是无关的，因为事实上所有人在饮酒经历中都曾体验过这两种情绪。真正重要的是最初给对象们的暗示。结果也许正是我们期待的：在给葡萄酒评价时，给予积极暗示的人比接受负面暗示的人受到更多的影响。很明显，品尝者的反应是受到许多外部因素影响的，而研究者们据此推理得出结论,如果葡萄酒销售商希望迎合客户个人的饮酒喜好,他们应该试图唤醒那些最美好的经历。

神经经济学家们还通过实验展示了一些在日常经验中已经被证实的东西——也就是说,我们对葡萄酒的看法不仅受到瓶子里面东西的影响,也受到标签的影响。巴塞罗那和巴黎的研究者们都进行了盲法实验,以确定标签的形状和颜色在决定客户对葡萄酒喜好中的作用。尽管这两个变量在客户选择中都十分重要,标签的颜色并没有形状,或印在标签上颜色的形状那么重要。最成功的标签颜色是棕色、黄色、黑色或绿色(或者这些颜色的组合),形状为长方形或六边形。你也许会质疑,对价钱的先入为主印象是否会影响实验的结果。但由于研究者发现价格与标签的喜好并没有什么关联,实验者对其结论的成立十分有信心。

你对葡萄酒知识的了解,会在多大程度上影响你对一瓶葡萄酒的判断?名字的价值有多少?为了至少评估第一个问题(评估第二个问题可能太昂贵了),研究者召集了专家、具有中等知识水平的饮酒者和新手,并在品尝前给他们看了一段仙粉黛葡萄酒的广告。在这一案例中的变量是葡萄酒的质量,它是由外部的专家和实验对象们的喜好所决定的。不管如何,专家们并没有被可笑的营销广告带偏,而新手们在做出选择时受到了影响。最有趣的是中等知识水平的饮酒者的反应。如果在判断之前,他们能够综合考虑广告和葡萄酒的知识,就能够做出与专家一样的选择。只要有时间来思考选择,他们就可以根据酒的质量来做出判断。但如果时间匆忙,没有时间来思考,他们便会与新手们的选择一样。

实验的初步结果使实验者们重复了实验,这一次只有新手参与。但是在品尝开始之前,他们给实验对象们讲授了25分钟的葡萄酒及其质量的课程。这些新手实验的结果与第一个实验中

葡萄酒的自然史

的中等知识水平饮酒者一样，在这种情况下，正确判断葡萄酒质量的关键因素，是使对象们有时间思考他们在培训阶段所了解的内容。

这样的实验显示，广告商对他们的广告如何影响我们对葡萄酒的选择越来越了解，他们会寻找更为巧妙的方式来影响人们购买其产品。消费者们因此需要保持警惕，因为很明显，一个人对葡萄酒的体验受到许多因素的影响，其中一些可能看起来毫不相关。(马托纳基斯和她的同事布莱恩·加利菲甚至证明，消费者倾向于购买那些他们无法拼出名字来的酒庄的产品!)但是，好消息是，如果你了解是什么造就了真正的好酒，在品鉴一款新酒时运用这些知识作为衡量标准，你将能够正确地评判其质量。

你饮下一口酒时，它会与你的所有五个感觉器官相接触。事实上，伟大的葡萄酒能够传递你曾经历过的最丰富的多维感官体验——但遗憾地说，也是最昂贵的一种。事实上，不管你如何评价或形容颜色、透明度、香气、味道以及口感，产品最终仍将由一个价格来决定。尽管价格和期待息息相关，但价格与质量并不一定如此。这是一个令人困惑的市场。所以从葡萄酒感官评价中发展出一个职业，这并不奇怪，因为它不仅对葡萄酒的生产，对其消费也是一种帮助。

曾经，顶级酒评人都是英国人。总体来说，他们是将葡萄酒奉为人生体验的一部分的美学家。他们倾向于使用相对抽象和有风格的词语来描述自己品评的葡萄酒：这种葡萄酒是贵族的、贫乏的、克制的或妖娆的。最终他们开始给葡萄酒评级，授予它们星级(通常是 1 星到 5 星)，后来通过采纳 1 到 20 级别的系统，使这一评价级别变得更加集中。这些级别有一点像前面描述过的 1855 年波尔多分级：它们倾向于强化已经存在的等级。

随后出现了由罗伯特·帕克（Robert Parker）所领导的美国人。帕克是一位律师，通过发行一份葡萄酒时事通讯，作为世界最有影响力的葡萄酒评论家而开始了职业生涯。由于他比大部分同行更早选出1982年为波尔多经典年份，一战成名。在他成功后，他的《葡萄酒倡导者》时事通讯开始在业内广泛发行。

像其英国同行那样，帕克用心描述其品评的葡萄酒，尽管他使用了不同的词汇，不再拘泥于风格，而更多基于葡萄酒在味蕾上的感受。突然，葡萄酒变得像果酱或皮革；它们尝起来有草药、橄榄、樱桃和雪茄的味道。但是，帕克秘方最核心的是根据50~100分的分值来评价葡萄酒，这与其读者们在高中接受的表现评分一样。没有葡萄酒会得分在50分以下，50~60分的葡萄酒根本不值一提。评分在70~79分的葡萄酒只是一般；需要到80分以上的葡萄酒才值得高度重视。这是所有帕克读者们认可的评级标准，尽管批评帕克的人们认为，这样一种细致的毕业级别分类是可笑的，但无疑帕克的味觉具有高度鉴别力，在品尝到葡萄酒后就知道它是好的，还是有趣的。更重要的是，当他创立时事通讯时，他有意避开了商业赞助，自己出钱品尝所有的葡萄酒。而像《葡萄酒观察家》这样的杂志就不是这样，它开始时印刷量很少，但在收入上无可匹敌，依靠奢侈品广告，主要是中高端市场的高产酒。《葡萄酒观察家》使用帕克的50~100评分系统，只推荐评分在75以上的酒。与《葡萄酒倡导者》不同，《葡萄酒观察家》的葡萄酒通常是由其委员会评价——其中一些领军人物在葡萄酒世界举足轻重——然后采用品尝者的平均分值。

数字化评分给葡萄酒评级带来一种公正客观的氛围。但是，作为人类，帕克和《葡萄酒观察家》编辑们仍是有个人喜好的生物。

葡萄酒的自然史

用这样的系统评价像葡萄酒这样多样性的事物, 有一点像要求某人在同样偏好的范围内评价不同的蓝色和黄色: 这可以做到, 但哪种色调得分几何完全取决于观察者更喜欢哪一个颜色。至少, 是什么让一款葡萄酒卓越, 或比别的酒要好, 这已达成共识, 即使是几分的差值, 对大多数人来说也意义重大。

因此, 帕克的评分体系很快就流行起来。葡萄酒购买者不再需要解密一位品酒师诗化的描述, 来决定他们是否真正喜欢他们所描述的那种酒; 现在很简单, 只要选一种帕克评分超过90分的酒就行了。相应的, 这意味着帕克喜欢的葡萄酒需求量会快速上升, 而它们的价格也会相应上涨。

几年以前, 我们中的一个人习惯饮用的一款葡萄酒价格飞涨, 已经超出了他的购买能力, 他对一位酒商做出了非常讽刺性的评价, 说至少他会对帕克推动的价格上涨很高兴, 因为这起码增加了他的利润。"完全不是这样,"他回答,"如果帕克评分超过90, 我买不起; 如果他评分不足90分, 我卖不动。"这非常悲哀, 就像在一次晚宴上, 一位非常有钱的客人称他只喝"最伟大的"葡萄酒。他说, 生命太短, 不能喝其他的东西。最后证明, 他所谓"最伟大的", 实际上只是"评分最高的"和"最贵的"。所以, 如果有一个策略可以使人们远离葡萄酒最具安慰性、感官上最具回报性的特点, 这个评分系统就当之无愧了。

帕克一直喜欢丰富的、强劲的、挑衅的葡萄酒, 就像产自罗纳河谷或以梅洛为主导的地区, 如位于吉伦特河口以东的波美侯和圣艾美隆的葡萄酒。他的影响无处不在, 以至于全世界的生产商都开始用现有的技术生产高酒精度、果味浓郁的葡萄酒, 以在帕克的评分体系中得到高分。风土的概念已经过时, 取而代之的是如何能在帕克体系中得到100分。在索诺玛, 甚至建立了一个分析实验室,它收取高额费用,给所有参观者提供建议,告诉他们如何生产一瓶能得到帕克90分以上的葡萄酒。

但世界并不是永恒不变的,互联网再次改变了游戏规则,使一大批权威人士能够发声,同时创造了一个更完美的市场,将追逐帕克的乐趣消减大半。也许我们可以推测是对时代的致意,即使是帕克,不久前也将其时事通讯部分的股权出售给了新加坡公司。但无疑,罗伯特·帕克对数字的准确关注,以及他对细节的评价,使全世界优秀的酿酒师额外注意其葡萄的生长和酿酒程序,从而使整体水准有所提高,当然,这也是由技术的进步所推动的。

不过,不管这些水准有多高,这一动力还是促使葡萄酒的风格越来越趋向于全球性的统一,导致许多人对口感越来越"全球化"有所感伤。如果你还没有看过电影《葡萄酒世界》,那赶紧去看:它的制作水平也许不是最好的,但它传递的信息——葡萄酒的灵魂在国际化大众市场发展的同时丧失了——直击人心。

全球化的另一个影响,就是它将某些葡萄品种变成了明星,其他则成为陪衬,尽管其中有一些,比如加利西亚·阿尔巴里诺(Galician Albarino)和坎帕尼亚·阿格里亚尼可(Campanian Aglianico)就在酒圈里又重新流行了起来。还在不久前的20世纪50年代,勃艮第以外很少有人种植霞多丽或黑皮诺,那时,加利福尼亚出产的葡萄酒大部分是所谓的夏布利和勃艮第,却从未种植霞多丽和黑皮诺。但今天,看一下任何优秀饭店的酒单,你几乎都可以找到来自世界众多葡萄园的这两个品种,而要找萨瓦涅,几乎是不可能的。但是,尽管黑皮诺的特点即使是在糟糕的环境里也能脱颖而出,霞多丽却对环境极为敏感。在不同人的手中和不同的地区,它可以生产出完全不同的酒,使霞多丽从某种程度上来说是一种完美的全球化品种。

葡萄酒的自然史

当然，得高分的酒通常价格更高，酿酒师是不会忽视这一点的。在技术使一切变得可能的世界，高分值和高价格通常指向含有酒精的水果炸弹，而酿酒师也忠诚地遵循这一点，这一过程被保罗·卢卡克斯（Paul Lukacs）在其卓越的历史书《创造葡萄酒》中被清晰地捕捉。但是每个作用力都对应着同等的反作用力，正如钟摆不可能只摆一方。一些知识丰富的评论家们开始预测，饮酒者的喜好正向更清瘦、低酒精度、更优雅的葡萄酒转变，平衡转向结构，远离水果味。看到这一变化我们不应觉得遗憾，尽管我们仍会质疑它如何应对气候变化（在第十二章里会讨论这一点）。

那些怀念即使是中等收入人群也偶尔可以买得起一瓶顶级酒日子的人们，也许并不会觉得这是一件坏事：如果对好酒的需求减少，就会降低它们的价格。但同时，酿酒师需要激励措施来回报其劳动和资本的投入，以获得最佳收益。随着酿造好酒的回报有所提高，标准也得到了提升。把怀旧放在一边，我们年轻时代的普通餐酒与现今的相比不值一提，而就在不久前，许多葡萄酒还是相当可怜的东西，它主要的吸引力在于饮用起来相对安全，不会让你喝醉。

这对于刚开始探索葡萄酒，或开始忘记自己曾经喝过什么的普通饮酒者来说是个好消息。好在，最贵的和最知名的酒作为投资工具也变得越来越重要。在一个贪婪的世界，资本要寻求的丰厚回报越来越难，不仅是极为富裕的人们，大型对冲基金也都因其升值潜力而购买名贵葡萄酒。这就意味着，酒庄中的顶级葡萄酒也许会越来越罕见，它们直接进入温控储藏室，很有可能一直会待在那里，只是偶尔在拍卖场上转手，直至远远超过其最佳适饮期。

对于那些认为喝酒带来了人生最美好乐趣的人们来说，这听起来很不幸，但仅仅因为名声而收藏和供应葡萄酒，也同样是悲剧。这在我们周围越来越常见，顶级葡萄酒成为时尚附属品，而非因其真实的品质而被欣赏。这一趋势愈演愈烈，因为大量顶级葡萄酒涌入了富裕的新兴市场，在那里并没有饮用和欣赏葡萄酒的历史，正如神经经济学家们深入了解的那样，一个瓶子更多是因其价格和标签，而非其内容而被欣赏。

葡萄酒的自然史

—— 随意的疯狂 ——

VOLUNTARY
MADNESS

The Physiological Effects of Wine

葡萄酒的生理效应

　　嗯，如果简·克克曼（Jen Kirkman）[1]可以喝它，我们也可以。我们面对着一瓶索诺玛郡产的赤霞珠（其酒精含量高达14.5%，令人印象深刻），克克曼正是把这种酒喝掉了1.5升后，才开始在电视节目《醉酒史》中讲述弗德里克·道格拉斯（Frederick Douglass）[2]和亚伯拉罕·林肯。我们从电视节目中知道，她真的喝醉了；我们现在想知道的是，这个节目的制作人在克克曼出现在摄像机前给她的那瓶东西，是否是好东西。我们打开了瓶子，然后充满感激，他们确实给了她好东西。

葡萄酒的自然史

美国电视节目《醉酒史》开始时在网络上爆红，然后是在"喜剧中心"上演，它主要是让喜剧演员喝掉相当多的酒后，开始描述一个历史事件。简·克克曼是第一个上节目的明星。在喝掉两瓶酒后，克克曼眼睛上翻，脸色红润，词不达意，开始讲述弗德里克·道格拉斯的历史，并使用了这样的关于内战的闪光句子："林肯不是个恶棍"。有时她会突然躺下，以克服头晕，接着又继续了，又拿起一杯酒。她发音不清，并将李察·德雷福斯（Richard Dreyfus）[3] 与弗德里曼·道格拉斯、林肯总统与克林顿总统混淆起来。当描述林肯被刺时，克克曼突然转向镜头询问："我还没有把裤子脱了吧？"明显地，她开始觉得四肢发冷。她结束了自己的讲述，说："现在我的脑子已经关闭，睡觉了"，"我有精神病"。

简·克克曼在《醉酒史》中的表现，绝佳地体现了罗马哲学家塞内卡在 2000 年前所说的"恣意的疯狂"的痛苦。她展示了酒精进入大脑所产生的典型效果：瞳孔放大、言语不清、头晕、失忆、生理变化、困倦以及最终的失控。我们为何会喝醉是许多研究的主题，对喝醉后的愚蠢行为，在科学上的理解也有所深入。最近关于醉酒的关注，不仅仅是因为对酒精的依赖会成为社会灾难，也因为，正如我们希望在此展示的，它是一种复杂的生理现象。人体已经进化到可以容忍许多因呼吸、饮食进入体内的化学品和化合物。酒精对人体所提出的挑战，是人类成为一个物种以来长期面对的挑战。进化史告诉我们，我们的远祖也不得不应对酒精，因为酒精耐受基因存在于昆虫、蠕虫和其他脊椎动物上。因此，酒精本身并不是问题：少量摄入甚至对你有益。但是过度纵容则是有害，甚至致命的。

✦ ✦ ✦

当一个人喝了太多酒会发生什么？为了了解醉酒现象，让我们跟随一个酒中的乙醇分子从人体进入大脑，看看这个小小的兴奋剂如何一路影响生理系统。当行走在这条线路上时，许多乙醇分子会沿途落下，但我们关心的这个特别分子，是那些最终到达大脑、使人们醉酒的几十亿个分子中的一个。

当一杯优质葡萄酒靠近唇边，它会释放一种芳香和酒香（我们大部分人会将这两者等同，但对于专业的品酒师来说，芳香是指来自葡萄本身的气味，而酒香则是陈酿过程中产生的味道），因为一些酒蒸发到了空气中。除了令葡萄酒散发美妙芳香和酒香的分子，这一蒸气中还包含乙醇分子及其副产品。正如我们看到的那样，人体内任何有相应感受器的分子都会作为一种特殊味道被大脑记录。人类在其嗅觉系统中并没有乙醇感受器，但对于乙醇的副产品乙醛却是有感受器的——因此，通过简单的联系，乙醛的香味就会让人联想到乙醇。

这一感觉随着葡萄酒淌过嘴唇而继续。乙醇可以绑定舌尖的甜味感受器 T1r3 和苦味接收器 hTAS2R16。一些乙醇分子可以被某些味觉感受器吸收，并与之互动，告诉大脑我们摄取了一些既甜又苦的东西。这些感受器基因的变异版使得老鼠（T1r3）和人类 (hTAS2R16) 对乙醇的味道有耐受性，而一些 hTAS2R16 在人类中的变种，有可能增加酗酒的风险。相反的，由于 hTAS2R16 一些版本的蛋白能更好地与乙醇绑定，从而品尝到了更浓的苦味，这些感受器发送到大脑的信号更强，通常令人厌恶。这一苦味感受器绝佳地证明了感受器分子的细小变化可以彻底地改变与乙醇相关的行为。但是，第一印象并不是一切，还有其他的饮酒原因，包括获得更深层次的快感。

当我们提到乙醇分子时，我们需要牢记，它只是一瓶酒中的几十亿分之一，每一个分子如何对人体产生影响，完全取决于它在哪里找到感受器——这绝对是运气问题。但是喝下的乙醇越多，就

葡萄酒的自然史

会有越多的乙醇找到方法来影响感官系统，一瓶酒的影响要远超过一杯酒的影响。另一个重要的变量是饮酒者血液中的酒精含量，因为来自葡萄酒的乙醇最终会穿过消化管道膜进入血液。事实上，血液酒精含量是社会衡量——以及评判——一个人体内所含乙醇量的标准。

血液酒精含量的计算是很直接的。血液酒精含量为 0.1%，意味着血液量 1% 的十分之一，也就是大约千分之一，是乙醇。这一血液酒精含量意味着人已经相当醉。血液乙醇的甜点（sweet spot），也就是一个人变得愉悦地头晕，据测算为 0.030% ~ 0.059%——在美国法定驾驶限制的 0.080% 以下一点，也低于或相当于大部分欧洲国家的限制。乙醇达到某个血液酒精含量取决于体重：越重的人血液越多。酒精摄入的时间也很重要，因为血液酒精浓度随着酒精被吸收而降低，通过尿道被排出体外，并在肝里被分解。比如，身材伟岸的男性需要在半小时内饮用两杯葡萄酒，其体内的酒精含量才会超过美国酒驾法律规定，而身材娇小的女性在同样的时间内只需要饮用不到一杯酒就会超标。当然，血液酒精含量越高，乙醇对身体的影响就越大。

一旦通过了上腭，乙醇分子接下来就来到喉咙的咽头，然后进入食管。这两个部分都有黏液，富含蛋白质和酶，在正常情况下已经开始进行消化。但由于乙醇分子是一个消化机能不能处理的分子，它不受消化酶的影响，会直接通过——但不是没有任何影响，因为它对于食道黏液层的一些酶来说是有毒的。除了改变食道黏液，乙醇还可能渗透到产生唾液的腺里去，偶尔浓度够高的话，还会破坏它们。

酒精分子现在到达食道的底部，遇到了食道括约肌，它是进入胃部的大门。如果正常工作，括约肌会让食物和饮品进入胃中，不会反流。但是，大量乙醇可能导致食道下部的括约肌放松，使胃部的一些内容被反冲进食道。这就会引起反酸或胃灼热的感觉。但如果它没有引起反流，乙醇分子就会滑进胃部，遇到新的细胞、酶和挑战。

一旦到达胃部，乙醇分子会与消化酶接触，特别是一种被称为胃蛋白酶的东西。它还会与小分子接触，比如盐酸，胃部在消化食物后会大量产生盐酸。作为一个小分子，乙醇常被忽视，因为消化酶针对的是更大的蛋白。但是即使小剂量的乙醇分子也会刺激消化酶的过度产生而损伤胃，大剂量的乙醇分子则会终止消化酶的产生。不过，任何剂量的乙醇都会破坏正常功能。胃中的食物会帮助吸收乙醇分子，并防止它们造成过多的伤害——它们还会吸收乙醇，防止它进入血液。

在乙醇穿过胃之后，就进入肠道。乙醇分子穿过小肠肠壁，被血液吸收。但是在小肠和大肠中，葡萄酒中的乙醇继续捣乱，使肠壁上的肌肉弱化并降低功能，导致食物通过得比平常要快。这就是为什么有时狂饮后会腹泻。虽然不太文雅，我们也不得不提到，偶尔会有人在喝了一晚红葡萄酒后，第二天会出现绿色排泄物。这一明显的矛盾，是因为被称为胆汁的绿色消化酶快速穿过被弱化的肠道所导致的。

乙醇快速穿过小肠膜进入血液，血液会将它运送到身体的其他部位。乙醇分子在血液里的首个停靠点，是进一步分解吸收营养物质的器官，也就是肾和肝。用研究肾的专家穆雷·埃普斯坦（Murray Epstein）的话来说，细胞的功能不仅取决于持续吸收营养物质，排除新陈代谢废物，而且要浸润在具有稳定的物理和化学环境的细胞外液中。当乙醇进入细胞外液，其中浸泡着肾细胞时，一些有趣的事情发生了。肾调节身体里的水和一些电解质，

葡萄酒的自然史

如钠、钾、钙和磷酸盐的水平。这些电解质不正常的集中会带来破坏作用，最终导致肾功能缺失甚至死亡。乙醇会抑制抗利尿激素的释放，它还会刺激肾，增加尿液的产生。当抗利尿激素缺失或被阻止，肾脏中错综复杂的管道会释放水，稀释肾产生的尿。因此，血液中的电解质浓度上升，身体会感到缺水。这就是为什么在喝酒以及其他含酒精的饮料时，需要大量饮水的原因。

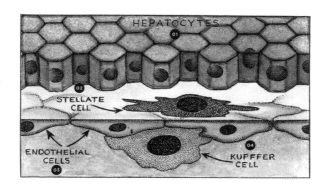

肝的细胞结构（星状细胞和内皮细胞在肝代谢中发挥其他作用）

现在，乙醇分子绕过了肾的运作，它必须通过身体的另一个重要器官，那就是肝，一个过滤血液的大器官（它是人体中最大的器官，比大脑略重一些）。肝是由小叶这一子单位组成的纤维物质，过滤就在小叶中进行。健康的肝中有5万多个小叶，每一个都有几根血管穿过。从这些血管分出大量的毛细血管，它们形成了一个运河一样的系统，通到中心血管，过滤后的血液从那里流出。这一系统的存在，是为了增加小叶的表面积，从而提高血管与小叶细胞接触的机会。两种细胞排列于这一运河之中。肝巨噬细胞是免疫系统细胞，其作用是消灭细菌和其他有毒物质；另一种是肝细胞，它是肝的动力，工作种类繁多，包括合成胆固醇、储存维生素和糖，以及加工脂肪。

但是，肝最重要的功能，是代谢到达血液中的乙醇。这一过程取决于一种被称为酒精脱氢酶（ADH）的酶，它将乙醇通过氧化转化为乙醛。乙醛对于人体极为有毒，许多生物，包括人类，进化出迅速将它分解掉的能力，形成有用的醋酸盐。负责解毒的酶是醛脱氢酶（ALDH），细化为两种基因：ALDH1 和 ALDH2。醋酸盐是人体的重要燃料，因此在肝分解了乙醇产生的乙醛后，它就被运送到其他器官进一步处理。

正如第二章所提到的，ADH 和 ALDH 最初并不是进化来解乙醇之毒的。在进化期间，我们的祖先也许并不能消化大部分化学物质。相反，这两种酶最初是在代谢维生素 A（也被称为视黄醇）时非常重要的，而且似乎是被盗用来代谢乙醇的。它们之所以有新的双重功能，是因为视黄醇和乙醇分子有着相同的形状，而这一形状为 ALDH 酶所认知。

肝细胞使用一种被称为细胞色素 P4502E1（CYP2E1）的酶，用另一种方式来代谢乙醇，它也能使乙醇氧化成为乙醛。肝通常并不含有很多 CYP2E1 酶，但是当它不断被乙醇攻击时，就开始产生更多的这种酶。过量的 CYP2E1 与肝硬化相关，它是肝的灾难，是肝中正常的蛋白和糖代谢过程被酒精破坏后发生的情况。最终将导致肝细胞死亡。这时，肝充满了马里洛氏体（肝细胞中被破坏的线状物），它是肝硬化的前兆之一，这一疾病目前还不能治愈。

假设坚硬的乙醇细胞在肝中没有被分解成乙醛，仍然存在于血液之中。最终它会到达大脑，在那里对人的行为产生直接影响。乙醇相对较小，很容易穿过细胞膜，这一特性使它能够穿过"血液-大脑屏障"。一旦它到达大脑，它的主要行动就是干扰分子，植根于中立细胞膜上，这些细胞被称为 NMDA（N-甲基-D-天冬氨酸）和 GABA（伽马-氨基丁酸）感受器。

葡萄酒的自然史

NMDA 感受器在大脑负责思考、娱乐和记忆的区域中十分重要；像嗅觉和味觉的感官接收器一样，它们与细胞中导致连锁反应的分子绑定，因此会影响神经系统信息的传递。NMDA 感受器的正常功能是由谷氨酸感受器蛋白质分子来保障的，它与两种小分子互动：谷氨酸和甘氨酸。一旦它们在 NMDA 感受器系统中连接正确，一个离子通道[4]就开启了。正常脑活动取决于谷氨酸和甘氨酸的正常行动。

在其《令人震惊的假设》一书中，著名生物化学家弗朗西斯·克里克（Francis Crick）评论道，"一个人的脑部活动完全是神经细胞、神经胶质细胞以及组成它们并影响它们的原子、离子和分子的行为决定的。"克里克实际上在说，谷氨酸和甘氨酸是人类如何思考和行动的来源。这些神经传输细胞对于我们的神经系统是很关键的，它们根据每个神经细胞的需求来接受或拒绝小分子。但是，对神经系统有毒的小分子进化出一些方式来避开神经传输细胞。一种方法是"竞争性敌手"，类似于感受器蛋白。但到目前为止，最普遍的方法是一种被称为非竞争性对手的小分子。它们与 NMDA 感受器蛋白的其他地区绑定，改变结构，使神经传输细胞不能工作。非竞争性敌手，也就是这些小分子，还会堵塞管道，干扰神经系统的沟通。

乙醇被认为是一种非竞争性敌手，还有其他的分子，比如伊博格碱（一种控制物质）、氯胺酮（一种所谓的设计药物，目前并没有受到控制）以及类似一氧化碳（发笑气体）和氙的气体。但是，乙醇并不仅仅是作为非竞争性敌手影响大脑。它还作用于 GABA 感受器。当大脑中酒精含量过高，使 GABA 感受器受到过度刺激时，感受器守卫的离子通道打开，使氯离子在细胞另一侧汇集。这破坏了大脑中正常的离子分布，而神经细胞会停止沟通。不管通过哪种途径，酒精含量提高的最终结果，就是使接收器的功能无法发挥，

人类大脑的横切面

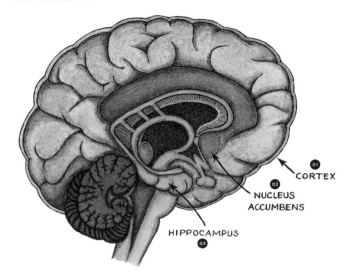

CORTEX

NUCLEUS
ACCUMBENS

HIPPOCAMPUS

01 / CORTEX 皮层
02 / NUCLEUS
    ACCUMBENS
    伏隔核
03 / HIPPOCAMPUS
    海马区

大脑细胞开始不正常工作。

　　如果乙醇分子足够坚持,它可能被传输到大脑中三个特别重要的区域,这些区域是 NMDA 感受器高度集中的地方。它们是脑皮层(我们大部分思考发生的地方);海马区(负责沉思和记忆);和伏隔核(发出寻找奖励行为的地方)。如果乙醇分子连接到任一区域的 NMDA 感受器,即使不接近谷氨酸或甘氨酸绑定点,它也将改变蛋白的形状,使谷氨酸连接的方式发生变化,由感受器控制的离子通道将被打开。这一开放的通道会刺激该部分的大脑,产生一种愉悦感。

　　这种愉悦的感觉会持续,即使是在酒精摄入过量的情况下,但其他副作用也会产生。到达大脑的高浓度酒精会使 NMDA 感受器变得麻木,对正常的刺激没有反应。由于以这种方式影响

葡萄酒的自然史

的大脑区域包括脑皮层的思考区和伏隔核的愉悦区，越多酒精到达大脑，这些功能就越退化。同时，乙醇分子会影响大脑其他 GABA 感受器存在的地方。这使得 GABA 感受器（以及一些 NMDA 感受器）开始在海马区关闭，这里是记忆的重要区域。所以在饮用两瓶酒后，简·克克曼的大脑就完全不可能形成关于弗德里克·道格拉斯的连贯表述。

如果乙醇分子不能与脑皮层中的感受器绑定，它可能会进入大脑的枕叶。这一区域处理来自外部世界的视觉刺激。乙醇对于葡萄糖的代谢有抑制作用，而葡萄糖是细胞能量的重要来源。如果高浓度的乙醇到达枕叶，它将使葡萄糖的加工过程减缓30%左右。这意味着没有足够的能量来准确处理来自眼部的图像。细胞因此终止交流，视觉就会出现问题。尽管重影可能是饮酒过量带来的最常见的视觉障碍，但它只是其中的一种。

经常光临名为"我醉了，房间在晃"网络聊天室的人，通常抱怨自己有和名称一样的反应。这一现象有其医学名称：体位性酒精性眼球震颤。它是发生在头部，而不仅仅是大脑中的乙醇引起的不适反应。身体许多部分的活动都会被酒精伤害，如内耳出现晕眩，那里存在着第六感，也就是平衡系统。内耳这个器官非常像一个陀螺仪，可以通过半规管这样的细小结构感知身体的位置，它们是充满液体的小管子，定位空间的三个维度。与每个半规管相连的，是一群被称为吸盘的细胞，它们随着头的移动而偏移，刺激细胞上的绒毛，这些绒毛与直通大脑的神经相连，在那里信息被提供给被刺激的细胞，解读出人体在空间中的位置。

经由血液到达耳朵的乙醇分子会浸泡耳蜗。扭曲其细胞，将它们置于与毛细胞持续连接的状态。由此产生的脉冲流会使大脑觉得人体在旋转。它同时试图通过视觉系统的微转来保持平衡，从而使头产生晕眩感。当饮酒者最后睡着或者——甚至失去知觉，乙醇对耳蜗的影响将逐渐消失。但是，有时候当饮酒者醒来时，房间似乎还在旋转。为什么？嗯，醉酒后醒过来的特征之一，就是大脑记得睡着前经历的事情，认为头还在转动。因此，它试图通过向反方向旋转视觉系统进行调整。

◆ ◆ ◆

我们还没有探讨过度饮酒最令人不快的两个方面：宿醉和酗酒。第一个是暂时的，大多数情况下虽然危险，但可以忍受，而第二个会令人衰弱，通常会导致悲剧。大量摄入酒精会导致生理机能出现问题，其中一个不受欢迎的反应，就是宿醉。如果导致宿醉的原因是唯一的，研究者们尚可找到方法规避或减轻，但是起因复杂，使得宿醉难以控制。

我们已经讨论过宿醉的一种表现——感觉到房子在旋转。但是过量的酒精摄入会影响身体的许多部分。首先，酒精会吸收水分，使身体系统脱水，导致许多不适、危险，有时是致命的生理反应，最常见的包括口干、恶心和头疼。那些体会过宿醉的人也许很难相信，大脑组织和细胞本身并没有痛感感受器，但事实就是如此。头疼这个说法恰如其分，因为大脑并没有受伤。是头部和脖子的痛感感受器受到了伤害，而它们呈现多种疼痛症状——大约已经有超过 200 种不同的头疼被描述过。

头疼的一个重要原因是大脑中血管的扩张。除了脱水，乙醇降低了葡萄糖的代谢水平，这加剧了扩张。这种情况下的血管不能有效地输送大脑周围的血液，用血液流量的变化来表达疼痛，因此被称为伤害感受器的神经感受器受到了刺激，并向大脑传递信息。喝了过多酒，引发头像被敲打似的疼痛，是因为扩张的血管随着每一下心跳而产生了不正常的压力。刺激伤害感受器细胞的另一个不受欢迎的副作用是恶心。轻度的反应是对声音和光线过度敏感，是典型的"昨夜后的早晨"现象。这是乙醇对大脑细胞抑制效应消退后发生的情况，像光线和声音这样的物理刺激足够大时，抑制了正常的感知水平。

我们需要记住，葡萄酒，特别是红葡萄酒的影响并不仅仅来自于乙醇。乙醇的问题副产品乙醛在葡萄酒流经唇部的时候就已经存在，同时还有丹宁以及其他从种子和茎发酵而来的多种化学品。它们也对头疼有影响。事实上，一些饮酒者称，红葡萄酒引起的宿醉比白葡萄酒更严重，这正是由葡萄酒中化学成分的复杂性所引起的，特别是因为丹宁对生理机能产生的影响。

所以，为什么人会喝醉？特别是，为什么有人偶尔会沉迷于酒精？这些问题有不同的答案，取决于人的生理机能、心理状态、自由意志等角度，更重要的是，还可以从基因的角度考虑。就像许多其他人类行为失控一样，酗酒的基因基础是复杂的，包括许多基因和强大的环境因素。就算一个基因上易对酒精产生高度依赖的人，由于社会习俗、行为改正，或其他文化和社会原因，也能成功避免成为酒鬼。

为了了解为什么一些人容易酗酒而另一些人则不会，让我们看一下几个导致酗酒的基因。人的身体内确实存在一些分解乙醇的方法，特别是在肝里。ADH 和 ALDH 这两种酶是特别重要的：它们已经被深入研究，显然人类在控制它们的基因方面存在相当多的变异。比如，亚洲人的祖先，特别是几万年前已经在远东生活的祖先，拥有一种 ALDH2 基因的特别变异 ALDH2.2。将近40% 的亚洲人有这种变异基因，但欧洲或非洲人的后代中则很少见。ALDH2.2 基因产生一种蛋白质，它的一部分不活跃，不能分解乙醛。有毒的乙醛因此得以在组织中聚集，最初通常表现为脸部变红，随后则会表现为一系列不舒适的生理反应。因此，拥有这一 ALDH 变异基因的人倾向于避免过度饮酒，他们中也很少出现酗酒现象。

但是，有一群拥有远古亚洲祖先的人不在这一发现之列。在 1.7 万年前左右，一些居住在东亚的勇敢民族决定向东前进。他们从西伯利亚走到了白令海峡，那里出现了一座陆地浮桥。要么步行，要么坐船穿过海岸，他们进入了北美大陆，并下行至太平洋海岸，占据了北美和南美大部分地区近 5000 年。他们的基因也遗传下来，因此，我们可以有把握地推断，ALDH2.2 基因在北美印第安人身上发现的概率也会相当高。但研究显示，ALDH2.2 基因变异品种并不存在于这些印第安人身上。

CYP2E1 酶的一个变种也与避免酒精相关，这种酶在大脑中十分活跃。有这一变种的人对于酒精更敏感，更容易喝醉，在饮用更少的酒的情况下就会停止。因此，他们不太可能成为酗酒者，因为他们普遍在酒精水平达到产生毒性，身体变得不能自理之前，就会停止饮酒。这里真正有趣的是涉及其中的机制。尽管 CYP2E1 可以像 ADH 和 ALDH 那样把乙醛氧化成为醋酸盐，它还可以代谢酒精，产生自由基。研究提高乙醇影响的 CYP2E1 变种的研究者认为，自由基在脑中的行为，与我们传统上对 ADH 和 ALDH 的了解非常不同。

酗酒的神经生物学——对酒精上瘾时大脑发生了什么的研究——可以帮助我们解释人为何倾向于酗酒的一些原因。这里的关键是，人类的大脑，以及其他一些哺乳动物和脊椎动物在进化后，开始寻找愉悦感。愉悦感强化了一些我们生活中最基本的行为，比如饮食、玩乐、行善、性爱。如果这些活动并不能令人愉悦，我们也就不会那么频繁地去做这些活动。由于愉悦是个人生存和物种成

葡萄酒的自然史

功的关键，人类身体进化出复杂的化学方法，来传递愉悦感的刺激信号到大脑，并保存那些愉悦的记忆，以使人类会寻求更多的愉悦。在这些奖励系统中，大脑的某些部分以及一些复杂的神经化学也都牵涉其中。

大脑有三个部分特别容易受到乙醇的影响：腹侧被盖区（VTA）、伏隔核和额叶皮层。这三个部分正好都与奖励系统相关。受到乙醇及其他药物影响的奖励系统的技术名词，是中脑边缘多巴胺系统。这既指包括 VTA 和伏隔核的大脑结构组，也指受到一些药物影响的重要神经传输系统。愉悦感开始时是对 VTA 的刺激，在那里释放多巴胺。多巴胺然后充当化学信息传递者，激活伏隔核，后者与动机和寻找奖励相关。如果大脑中有一个简单的愉悦"甜点"，就是指这里。伏隔核接收到的多巴胺越多，愉悦感就越强，寻找奖励的反应就越强烈。

研究者们已经表示，拥有 GABA 感受器的神经细胞会延伸到奖励路径（VTA 和伏隔核）。当乙醇浸没 GABA 感受器，使它们无法发挥功能时，受到影响的神经细胞相应地释放多巴胺和另一种神经传输器内啡肽。后者在镇痛以及幸福感中都会涉及；当出现许多内啡肽时，痛感感受器就变得麻木。正如俗语所说，我们"感受不到痛了"。

乙醇对奖励系统的影响与其他兴奋剂有一些不同。可卡因和安非他明就是很好的对比。这些化合物通过多巴胺影响奖励系统。与乙醇不同，它们直接改变多巴胺感受器：它们在成瘾强度上更为直接，也更难打破。同样糟糕的是，大脑中每个多巴胺感受器都受到这些药物的影响。对比不同上瘾的效果是很难的，但是可卡因和安非他明上瘾相当恶劣，因为这些药物集中作用于多巴胺，导致更为严重的成瘾。酗酒也会使人虚弱，但却不属于同一类别，因为乙醇的影响并不集中于单一的感受器。相反，在乙醇对多巴胺感受器的影响在集中于伏隔核和奖励系统的同时，它还影响其他感受器，如 GABA 和 NMDA，它们在大脑中广泛分布。这是一个很重要的区别，使得酗酒很难与其他上瘾被分为一类。

人们研究酗酒基因已经多年，从研究双胞胎到最近更为发达的基因组广泛联系研究（GWAS）。对双胞胎的研究使用同卵（完全相同）和异卵（兄弟）双胞胎的行为数据来确定某种特性在多大程度上是可以被遗传的，而 GWAS 使用全基因组序列数据，将失序与基因区间联系起来。由于酗酒是非常复杂的，结果的解读通常需要比较谨慎。但是，到目前为止，基因似乎占到酗酒原因的50%~60%，这也就意味着环境有着几乎相同的影响。此外，尽管某些单个的基因变异体会增加酗酒的风险，但这并不是这些基因所唯一控制的事。基因学家、基因组学家和行为学家基本同意，酗酒是一种异质疾病，由许多基因控制。一位研究者从来自芝加哥的个体身上所观察到的酗酒，也许只与来自底特律的个体有一点点基因基础重合，甚至与隔壁邻居相比也是如此。酗酒所涉及的个体行为包括浮躁而外向的动作、放松自制、寻找风险和寻求感官刺激，所有这些也有着复杂的基因基础。酗酒的真正基因基础，很大程度上仍是一个谜。

◆ ◆ ◆

人类——正如我们已经注意到的——倾向于将好想法运用到极限，就像人类经历的所有其他领域一样，需要进行计算。饮用任何酒精饮料，包括葡萄酒，适度就好，不仅仅是避免过度饮酒的短期危害，也是避免对酒精的长期依赖。但是，就像我们在这本书里一直倡导的那样，葡萄酒从最早的时候就在人类生活中扮演着特殊角色，它既是文明的象征，又促进了我们对世界的认识。

葡萄酒的自然史

很简单，没有什么能够替代它。对于标准的说教之词，没有其他的办法，我们只能说：负责任地饮酒。

1　美国喜剧演员。

2　第一位在美国政府担任美国外交使节的黑人。

3　美国演员。

4　是一种成孔蛋白，它通过允许某种特定类型的离子依靠电化学梯度穿过该通道，来帮助细胞建立和控制质膜间的微弱电压压差。

*

BRAVE
NEW WORLD
勇敢新世界

Wine and Technology

葡萄酒与技术

　　葡萄酒一直是技术的产物,我们所熟知的酿
酒技术直到制陶技术在新石器时代出于经济原
因日渐成熟,才得以发展。今天,酿酒是一个高科
技行业。但是,最近我们意外地得到了一瓶很特
殊的葡萄酒,它是用简单陶器埋于冰凉泥土中酿
制的,就像 6000~8000 年前使用最初的方法生
产的那样。它使用的是来自东高加索的珍贵的白
羽葡萄,这一极干的、浅琥珀色的葡萄酒有一种
令人惊讶的新鲜感,隐约的坚果香味似乎穿越
了千年。

葡萄酒的自然史

几个世纪以来，酿酒师就是那些贫困的农民，他们使用古老器具在阴暗的酒窖中酿酒，酒窖中通常还养着牛、羊、鹅。18世纪，传统的产酒区勃艮第的经济活动水平极低，整个村庄在冬季相当于进入了冬眠。即使在更为繁荣的葡萄酒出口地区，比如波尔多，酿酒师们也倾向于像其远古前辈那样做生意：大部分葡萄被制成葡萄酒，只是为了本地消费或批发给运货商。正是那些商人和城市居住者，而非葡萄种植者，在19世纪建造了令人印象深刻的点缀于梅多克乡村的城堡。除了那些最著名的产区，葡萄酒大都粗制滥造，容易被氧化，或者粗糙，或者单薄，或者发酸。除了含有酒精，它们的主要益处是，饮用起来安全。

20世纪，随着技术的发展，所有的事情都发生了变化，尽管科学第一次实质介入酿酒发生在19世纪，那时路易斯·帕斯特（Louis Pasteur）提出，细菌的生长是造成许多变质的原因。此前，酿酒的进步都是不断试验和错误的结果，但帕斯特认为，对过程的了解也可以成为程序的指导。更早些时候，法国博物家安东尼·拉沃斯尔（Antoine Lavoisier）提出了发酵的基本化学公式，而意大利科学家阿达莫·法布罗尼（Adamo Fabroni）证明，在葡萄酒中，这一过程是由酵母主导完成的。但却是帕斯特在19世纪60年代发现，葡萄酒的发酵是葡萄汁中酵母和糖之间不断发生反应的过程。他还证实，尽管传统是通过加入硫酸盐的方法来终止发酵，但如果存在过多氧气，细菌快速繁殖，酵母也会被杀死。这就是他的关键结论：要酿制好酒，必须在酿造过程中去除尽可能多的氧气。这一结论带来的结果是，起泡酒质量立刻大幅上升，因为酿酒者开始在第一次发酵后加入糖和酵母，确保抗压瓶中的二次发酵。但在很大程度上，19世纪末根瘤蚜虫之灾，将葡萄酒酿制的重大技术进步推迟到20世纪以后。

20世纪上半叶，在除了美国以外的所有主要产区，葡萄酒的总体质量都有所提高，但美国大禁酒令其进步停滞。因为葡萄园和酒窖的整体升级和管理，葡萄酒的质量平均水平有所提高，其中的原因包括一些国家制定了产区法。从法律上规定，要想获得法定产区的认证，某一地区应该种植什么葡萄，葡萄园应该如何被管理，葡萄酒应该如何酿造——从而能被卖出更高的价格。不过，这些规则并没有刺激创新，反而从某种程度上遏制了发展。

颇具意义的新酿造方法出现于第二次世界大战后，那时葡萄酒科学的职业学校终于开始有了广泛的影响。在法国，酿酒科学可以追溯到颇受尊敬的蒙彼利埃大学儒勒-埃米尔·普朗松的葡萄科学学院的成立。但是在过去的一个世纪，法国最著名的酿酒师，是波尔多大学的埃米尔·佩诺（Emile Peynaud）。

佩诺的职业跨越 20 世纪的上半期，他并不仅仅是个实验室研究者；他一直为波尔多以及国际众多葡萄酒生产者提供咨询服务。他创造了对今天葡萄酒世界十分重要的咨询酿酒师角色（并不是他培养出来的一些学生那样明星范的"飞行酿酒师"）。作为一个孜孜不倦的实验者，佩诺认为酿酒并不是一门艺术，而是科学，他坚持建议前来咨询的人采用新的方法，尽管这些方法颇为昂贵，但可以带来显著改善。他从葡萄园开始，大力倡导通过剪枝和剪除过多或不太成熟的葡萄串以限制产量。他要求葡萄种植者小心管理成熟过程，并在最佳时期采摘葡萄。当他开始其职业生涯时，大部分波多尔的葡萄被过早地采摘。这一方法减少了丰收之前可能遇到的气象灾害所带来的风险，但是这也意味着许多葡萄酒是苍白、单薄、发酸的。佩诺改变了所有这些规则。此外，他还认为，只有使用最佳的葡萄才能生产最好的葡萄酒。来自某一庄园特定角落的葡萄，或者来自这一棵而非那一棵葡萄树的葡萄，可以用来生产该地区的顶级产品，而其他的可能获得"副牌"葡萄酒的地位。佩

葡萄酒的自然史

诺的方法需要投入更多劳动力和费用来筛选葡萄，耗资也大，但是最终会有极大的回报。

葡萄被压榨后，佩诺开始活跃在酒窖，他提出了很多意见。他坚持使用严格的卫生标准以防止细菌的生长，鼓励酿酒者替换陈酿葡萄酒的古老橡木桶。但首先，佩诺认为，需要控制发酵过程中的温度。我们在第六章提到，过低的温度会使酵母不那么活跃，而温度过高又使它们过分活跃。佩诺坚定地认为，应该保持理想的发酵温度。根据他的理论，需要放弃使用传统的大型橡木发酵桶，转而使用今天的不锈钢发酵罐，必要的情况下分别安装冷却管或冷却罩——这一技术最初是在香槟产区被开发出来的。这些温度可控的罐子不仅用于发酵，也可用于此前的葡萄汁冷却，以及之后为刚酿好的葡萄酒提供一个稳定的环境。

这一设备的特别优势之一是可以在如阿尔及利亚，甚至是法国南部这样过于炎热的地区酿制高品质的葡萄酒，传统上这些地方只能生产劣质酒。佩诺最得意的另一项技术——至少对于某些葡萄酒来说——涉及在初期发酵后进行额外的"苹果酸-乳酸"转换。通过向发酵的葡萄汁中置入细菌，将葡萄酒中刺激的苹果酸转化为更为柔和的乳酸，这一转化牺牲了葡萄酒的主要酸度，有时也包括芳香化合物。这种柔化偶尔会自然发生，但是由于其中涉及许多权衡因素，在佩诺之前，大部分人都认为这是个问题。现在，苹果酸-乳酸发酵在特定环境下的利弊，仍是一个广受争议的话题。

佩诺将科学视角引入酿酒这一传统手工行业，引发了波尔多葡萄酒质量的革命，并对世界各地的酿酒商都产生了影响。顶级红葡萄酒质量一年比一年好，更为稳定，因为生产者牢记佩诺的建议，而波尔多——以及其他地区产量较小的桃红酒的质量也随之

埃米尔·佩诺（左）和梅纳德·阿米林

而起。在此后的岁月里，随着 20 世纪后半期葡萄酒行业的商业变革，这一成果得到进一步放大。

　　尽管佩诺在同时代的人中影响最大，但如果说美国在战后也有一位相同的葡萄酒智者，那就是基本与佩诺同时期的梅纳德·阿米林（Maynard Amerine），他是戴维斯加利福尼亚大学的一位教授。阿米林也是一位深深植根于户外的学者，在葡萄酒行业从大禁酒和第二次世界大战后开始复兴时，为许多加利福尼亚葡萄酒生产者提供咨询。阿米林的专长是气候和葡萄。战前，他与一位年长的同事阿尔伯特·温克勒（Albert Winkler）一起工作，已经认为同一种葡萄树在不同地区生产的葡萄酒会有所不同，而最为关键的变量就是气温。与品种无关，在气温较低的地方葡萄需要更长时间才能成熟。它们更为清瘦、更酸，颜色更深，提取度更高。而在较温暖地区生长的葡萄成熟更快，糖分更多。同时，一些品种在某种温度区间要生长得更好。使用后来被称为"温克勒天平"的工具，温克勒和阿米林制作了一幅地图，在气温区域的基础上标出了哪些品种能更好地适应加利福尼亚的哪些地区。战后，除了将其兴趣转向葡萄酒感官研究，撰写了《葡萄酒：它们的感官评价》

葡萄酒的自然史

之外,阿米林还积极为许多新兴的加利福尼亚酿酒师们提供建议,告诉他们在哪里种植什么品种,并培训了许多酿酒师,最终使加利福尼亚葡萄酒业发展为我们现在看到的样子。

所有这些葡萄酒科学家的努力的影响都是双重的。葡萄种植者更关注在葡萄园的哪片区域种植什么品种,以及如何最佳地种植和管理它们。同时,酿酒师努力控制从葡萄到葡萄酒的转化过程,小心地监控每个阶段,当过程出现与预想不同的偏差时进行干涉。因此,在 21 世纪早期,很少有葡萄酒“自我发展”。每个对质量有要求的酿酒者,都可以随意使用实验室设备来实时监控葡萄园和酒窖中发生的情况。在葡萄园种植之前,葡萄种植者就根据品种和环境决定葡萄树的最佳布局。通过小心地修剪,有时是遴选,他们减少了每一株葡萄树上水果的数量,以增加植物在剩余果实上的投入。树叶也可能被剪掉,以使葡萄果实获得更多光照。成熟中的葡萄被定期监控,以确定其糖分和酚类物质的水平,在顶级葡萄园,采摘也是分阶段进行的,只有完全成熟的葡萄才会被摘下。

但是今天,如果错误地判断了采摘的最佳时间,或者坏天气威胁到了采收,可以用技术来拯救。为了避免颜色、味道或香气过弱,或仅是为了增加萃取,葡萄可以在冷藏室里“冷浸”,然后再开始发酵。或者在稍后的程序中使用反渗透,把挥发性的酸或过多的酒精去除掉。在发酵之前,反渗透机器还可以用来去除雨季采摘时葡萄汁中过多的水分——除非使用的真空蒸发机已经达到了相同的目标。超滤会使葡萄酒变得清澈,也可以用来去除氧化的酚类物质。它还可以用于处理过苦的丹宁,除非酿酒者倾向于通过微氧合作用来中和它——在正确的位置和正确的时间,少量的氧气确实有助于酿制一种柔软而温和的葡萄酒。电渗析可以调整

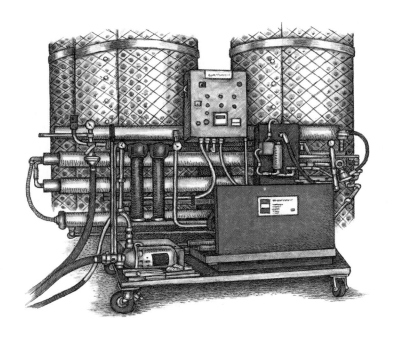

酒庄中的反渗透机器。这类机器使用复杂的技术来将新发酵葡萄酒中的
小分子过滤掉，通常是去除雨季采收时带来的过多的水分，去掉不需要
的味道，或者降低过高的酒精浓度。

酒石酸的水平和酸度，并去除不想要的钾。还有许多其他各种各
样的方法。在这些现代技术和实践到来之前，弥补每年葡萄质量
差异的最好办法就是调整发酵时间，并将不同时间成熟的品种结
合起来。现在这些风险都不复存在。

　　对于今天的酿酒师来说，干预技术几乎是无止境的。尽管技
术能够弥补种植期间遇到的大部分问题，但还有一件事是不会改
变的：如果葡萄园里的实践是正确的，就不需要过多的干预，确保
葡萄酒成为酿酒师所希望的样子。无论如何，在某种程度上，葡萄
酒需要陈化，即使是葡萄汁完全成为人们想要的状态，也还有许

葡萄酒的自然史

多选择要做。基本的一个决定是,是让葡萄酒在惰性容器中成熟,比如不与之发生反应的不锈钢或玻璃,还是在木头中,后者几乎一定是橡木。如果选择后一种方法,有许多品种的橡木可选,它们颗粒的紧实度、化合物成分等都不同,还有其他一些变量会影响葡萄酒最后的品质。容量大约为225升的小桶成为常规,但酿酒师仍需选择桶的内部是被重度烤过还是没有烤过的。木桶制作者通常将其桶棍放在火上烤一下,一些木桶的火炭味道浓于其他,这一做法会使木桶对葡萄酒的作用受到影响。酿酒师所需做的另一个决定是很频繁地更换木桶,因为橡木桶中的化合物在每次使用后都会损失。将葡萄酒在木桶中放置多久也是个问题:葡萄酒在桶中存放的时间越长,就会吸收越多化合物,暴露于来自外界的、少量的氧中的时间也越长。越长并不意味着越好——这一选择基本上是美学的——但如果酿酒师很着急,或者新木桶的成本是一个问题,就有可能加入橡木片或其他更劣质的东西。

　　埃米尔·佩诺经常被人攻击,称其科学处方相当于工业标准,生产的是没有灵魂的标准化产品。但实际上,这位敏锐的观察者特别注意风土,以及不佳种植和酿酒操作中的陷阱,他坚持方法必须适应不同的地区。更重要的是,这一方法带来了巨大的实践进步:佩诺的努力无疑提高了世界葡萄酒的整体水平,不仅包括低端市场,也包括高端的。我们因此获得了更好的葡萄酒。同样,佩诺对精准的坚持,也激发起一些人强烈的信念,坚信存在酿酒的最佳程序——甚至是最优产品,这一想法随后由帕克一代的评论家所强化。确实,如果酿酒师们使用先进的技术使发酵葡萄汁达到理想的参数,葡萄酒很可能是好的,但不太可能特别有趣或具创新性。所以,今天的餐酒比半个世纪前质量要高得多,但它们更具同质性。

不过，生产的规模也能产生巨大的不同，大型酿酒企业可以使用来自不同葡萄园、不同葡萄生产标准的产品，这是非常了不起的。这些葡萄园相距遥远，而每一瓶、每一个年份都能保持一致。对于创建或保持某一品牌的大型生产企业，这种一致性是很重要的，但是会牺牲差异之美。通过工业生产可以酿制相当好的酒，但不能酿制真正伟大或令人兴奋的葡萄酒。那些真正吸引你注意力的，往往是来自小地块，通常来自特定的产区。在这种条件下，酿酒师可能将每一批葡萄作为独立个体来处理，根据其具体特点量体裁衣。这种细致的处理，并不仅仅依赖于酿酒师的天赋和经验。因为这样的少量生产没有大酒厂的经济规模，这就需要生产出来的酒的定价足以负担高额成本。

不管对新技术是爱还是恨，将气候科学和化学带入传统葡萄生产领域，无疑改变了葡萄和风土、自然风土和人为控制之间的平衡。由于某一地区是由可以或应该在那里生长的葡萄品种所定义，风土作为一个抽象概念失去了其神秘感，而葡萄本身从某种程度上成为技术操纵的附庸。比如，令人懊恼的是，1976 年在巴黎所进行的盲品中，一群法国评委几乎无法将顶级勃艮第白葡萄酒和波尔多红葡萄酒与加利福尼亚出产的霞多丽和赤霞珠区分开来。更糟的是，来自纳帕谷的一瓶赤霞珠一举夺魁。荒谬的是，加利福尼亚酿酒师们一直在努力模仿法国模式，这使他们的成功成为一种对其大西洋彼岸同行的反向赞美。但是结果也显示了国际风格正在趋同，这是由现代技术越来越起主导作用造成的。这一发展使得许多人怅然若失，评论家开始在 20 世纪最后几年里对葡萄酒的全球化表示哀悼。

当然，仍然有许多特立独行的人不遵从这一趋势：像意大利和斯洛文尼亚边境弗留利的加斯科·格拉弗纳（Josko Gravner），他使用大型陶罐将其广受赞誉的葡萄酒埋于地下，正像人类远祖

葡萄酒的自然史

做的那样；或者其邻居斯坦科·拉迪肯（Stanko Radikon），模仿其祖父的设备，尽管程序可能有所不同，将白葡萄酒放在巨大的锥形橡木桶中浸渍好几个月。这两个与现代最先进的生产方式背离的极端例子都发生在戈里齐亚镇，正是像他们这样的酿酒师，在全球葡萄种植区酿制出今天最有趣的葡萄酒——尽管并不符合所有人的口味，甚至其最忠实的粉丝也不一定想每天都喝到它。但是，不管他们及其产品有多特立独行，今天大多数的创新型酿酒师仍极为重视风土——那片他们在经济上和情感上都有着深深联系的土地。他们的劳动成果显示，酿造葡萄酒的技术完善可以使风土最大程度地得以表现。

无论如何，一些无可置疑的好酒，就像澳大利亚奔富出产的葛兰许，特意避免了限定在某一具体地区的风土概念。葛兰许的生产者认为，应该将优质但广泛分隔开的葡萄园中最好的西拉葡萄集中起来，使这一品种的特性占主导地位（尽管现在有时也加入少量的其他葡萄以平衡所需）。葛兰许是强劲且高度独立的葡萄酒，与其他的酒不同，包括附近酿造的以顶级西拉为基础但也颇为独立的葡萄酒，如翰思科酒庄几乎同样传奇的恩宠山。这两者所传递的信息是，技术完善并不会削弱风土或品种的特点。地理位置或葡萄的魅力并不会仅仅因为酿酒师对过程完美的追求而丧失。

在另一个极端，在技术推动下，人们对葡萄酒生产过程的不断干涉使得营销者的梦想变得可能：吸引大众消费者的葡萄酒风格全球标准化。现在，葡萄酒业可以大规模生产如此多优质葡萄酒，这是技术的胜利，特别是与过去生产的大批劣质酒相比。但是，这些大批量生产出来的葡萄酒虽然很容易享用，它们仍然远远逊于那些在特定葡萄园里种植、独立酿造的上乘手工制酒，特别是与食物搭配在一起时。好酒与完美的酒犹如两个世界，区别不仅在于风土和密集劳动程度，还在于高度的艺术性。但不论如何，那些像我们一样喜欢在葡萄酒中发现惊喜的人，随着技术的进步，尚有很多期待。科学并不是葡萄酒原创性和微妙感的敌人；只要它用于提升原有葡萄的品质，而不是掩盖葡萄园里产生的问题，我们可以期待进一步出人意料的发现。

◆ ◆ ◆

在阐述葡萄酒在科学或人类历史中的位置时，就不可能避开造假这一主题。因为只要某种葡萄酒被认为优于其他酒，就会存在造假。希腊人和罗马人经常抱怨对葡萄酒的人为操纵和标签的混乱。比如，老普林尼就因为假酒猖獗而愤怒：在古罗马一度有非常多的费勒纳斯酒，大部分都是假的。在14世纪，乔叟曾警告葡萄酒购买者保持谨慎，特别是在购买西班牙产品时。喜欢红葡萄酒的托马斯·杰弗逊在巴黎逗留时，很快就学会了直接从葡萄园购买酒，而非信任那些葡萄酒商人的诡计。事实上，正是到了杰弗逊的时代，我们可能可以追溯为现代葡萄酒造假时期的起源。到18世纪晚期，当杰弗逊开发购买者直觉的时候，酿酒师开始使用容易堆叠的圆柱形玻璃葡萄酒瓶，并用酒塞封住瓶口。与此同时，英国贵族开始收藏具有长久生命力的葡萄酒——顶级克莱雷、马德拉、波特酒、霍克酒、一些勃艮第酒。这一传统的开始是因为人们发现，一些葡萄酒在瓶中会继续发展，变得更加复杂。

葡萄酒发生这一变化的原因，是被瓶塞堵住的氧气——以及通过瓶塞进入瓶中的一小部分氧气——与葡萄酒中的化合物发生反应。强劲而又提取度高的葡萄酒，比如波尔多这样高度萃取的酒，极大地受益于窖藏，因为它们中的酒精和酸会因此软化，丹宁开始分离。尽管这些葡萄酒最初是被购买者或其后代收藏以便稍后品尝——你为你的孙子收藏葡萄酒，正如你饮用的是你祖父收藏的葡萄酒——新的包装形式最终为二级市场的发展创造了条件，

葡萄酒的自然史

因为陈年的葡萄酒越来越稀有,也更值钱。这时,酒标开始变得像瓶中的酒一样珍贵。在传统酿酒师的酒窖中,瓶子是不贴酒标储存的,它们简单地通过所存放的箱子的位置来区别。所以就有了那个非常可能是杜撰,但颇为可敬的故事:一个酒窖男孩跑上楼梯,惊恐地喊道:"师父!师父!酒窖被淹了,瓶子漂得到处都是!"听到这些,酒窖师父平静地微笑,说道,"不用慌,年轻人。标签都是安全的,还在我桌子上风干着呢!"但是,纽约市就没有那么幸运了,在飓风桑迪中,葡萄酒仓库被淹导致了一场漫长的诉讼——特别是发现这些酒并没有上保险。但教训是清楚的:在远古时代,从生产商到顾客的供应链之间存在着调包和渎职的可能性。而酒瓶的发明提供了一系列新的可能。

20世纪中期,两种趋势出现了交汇。其一,许多战后贵族发现经济窘困,但存有许多老酒。拍卖商注意到了这一点,他们积极培育了第二种趋势,使更老的顶级红葡萄酒和其他具有年代价值的葡萄酒——很可能是根瘤蚜酒——越来越为收藏者所追逐。在20世纪60年代,对这些老酒的需求激增,这反映在拍卖价格的飙升上——尽管很有可能这些葡萄酒已经过了其最佳适饮期,因为不管一瓶酒开始时多艰涩,含有多少丹宁,或者它在瓶中陈化得多漂亮,最后时间会打败一切。葡萄酒并不能永久保存。但是在一个欺世盗名的时代,有名的东西价格飙升,它们并不一定会被饮用,这使得欺骗更有利可图,也更不可能被发现,而一些著名的欺诈从那些更平常的诡计中突显出来。

托马斯·杰弗逊出现在近期很多恶性丑闻中,特别是在本杰明·华莱士(Benjamin Wallace)的《亿万富翁的醋》中被搞笑地记录下来。20世纪80年代中期,一些看起来很老的波尔多葡萄酒开始出现在拍卖场和高端品酒会上,后者为一小撮富裕的葡萄酒狂热分子所参与。使这些酒知名的并不仅仅是它的年代——

哈迪·罗德斯托克的"TH.J."葡萄酒瓶之一，在拍卖会上卖给了马尔克姆·福布斯，从未被饮用。

酒标上的年份是 1784 年或 1787 年——而是酒标上还印有名字首字母缩写"TH.J."[1]。德国收藏家哈迪·罗德斯托克（Hardy Rodenstock）将它们带上拍卖场，宣称它们是在巴黎一所被拆房子的酒窖隔间里被发现的，其首字母代表着"托马斯·杰弗逊"。这暗示着这些酒是准备给杰弗逊的，但是在他 1789 年离开巴黎前往纽约之前并未送到他手上。尽管蒙蒂塞洛的杰弗逊专家拒绝鉴定这些葡萄酒的真伪，但其所宣称的来历还是促使了它们中的第一瓶——1787 年的拉菲于 1985 年年底在伦敦被售，价格为 15.6 万美元：4 倍于此前在购买一瓶葡萄酒上花费的最高价格。买家是美国出版巨头马尔克姆·福布斯（Malcolm Forbes），他在炽热的展览灯下公开展示这瓶酒，结果使得瓶塞萎缩，并掉到酒里，这件事被大肆宣传。福布斯显然并不打算饮用此酒，但在这一不幸事件发生后，没有人知道那瓶假定很古老的瓶子里装的液体是什么味道——当然从金钱上来讲是很昂贵的。

葡萄酒的自然史

　　罗德斯托克又从杰弗逊隔间里拿出一瓶 1787 年的木桐，并在 1986 年于木桐酒庄举行了私人品酒会。所有参与的人都称它是伟大的葡萄酒，品尝起来仍然很好，并在杯中不断变化。此举成功后，罗德斯托克用一瓶 1784 年滴金庄园的葡萄酒重回拍卖场，这是一瓶贵腐酒，相当甜，理论上在两个世纪后仍有味道不错的可能性。尽管此前售出拉菲的真实性仍然存在质疑，但滴金仍卖出了 57000 美元之高的价格。接下来，又有了更多的品酒会和更可观的销售价格，到了 1988 年，在新奥尔良举行的一场 115 瓶年份拉菲的"超级品酒会"上，罗德斯托克提供了一瓶产于 1784 年的酒。这瓶葡萄酒被认为是一场灾难。据称它不仅仅是被氧化，就像一些老拉菲那样，从质感上就非常不同。它颜色很深，酸度高，并没有优雅地在杯中沉寂，就像被氧化的伟大葡萄酒一样。许多人觉得困惑，但未受影响的罗德斯托克很快就又从杰弗逊隔间中私下售出四瓶酒，还有一些 18 世纪的酒，买家是超级富裕的收藏家比尔·科克（Bill Koch）。这一通过中介完成的交易，总成交额可能将近 40 万美元。

　　随着时间的流逝，罗德斯托克的葡萄酒生意日益兴隆，他组织的品酒会也越来越稀少和奢侈。同时，对于那些酒的真伪怀疑也有所增加，导致 20 世纪 80 年代末拍卖会上的老酒价格总体下滑。最终，对一家购买了许多罗德斯托克葡萄酒的私人酒窖的评估显示，很可能存在非常高比例的假冒产品。这包括杰弗逊隔间中的一瓶——1787 年的拉菲——它被送到实验室测试。尽管瓶中的沉淀物具有与 200 年葡萄酒相匹配的特点，可是液体中氚的放射性水平显示时间要晚得多，大约产于 20 世纪 60—70 年代。在这些发现之后，葡萄酒的德国所有者准备承认它是假冒的，是一瓶装在含有沉淀物的旧瓶中的新酒。虽然已对他诉诸法律，但罗德斯托克自己的生意却依然红火。

剧变发生在 2005 年，那时比尔·科克对自己的四瓶杰弗逊酒产生了怀疑。他聘请了一位私家调查员，结果发现瓶子上的字是由现代牙医刻上去的。其他证据也逐渐浮现，科克直接在纽约对罗德斯托克提起了诉讼。这个案子到 2008 年无疾而终，因为法庭认为对此没有司法权，但到那时惩罚已经到来。罗德斯托克和许多葡萄酒世界的名人发现自己不再被信任，即使到现在，这个事件在法律上还没有理清楚。

只要收藏家们准备为稀有葡萄酒支付高价，就有人愿意提供它们，不管是真的还是假的。造假的机会颇多，特别是 20 世纪后几十年里的顶级葡萄酒，价格持续飙升，并被储存在不可辨识的机器制作的瓶子中。令造假变得更容易的是在配方环节，有传言称，今天存在着几乎可以假冒任何葡萄酒的精确配方。更简单的是，有可能给一瓶老酒重新贴上一个受欢迎的酒标，这些酒标要么是假冒的，要么是从旧瓶子上撕下来的。事实上，令人惊讶的是，伪造的酒标如此嚣张：有些酒标仅从拼写错误就可以看出真伪。但是，一些顶级生产者通过将自己的标记加入标签以防止造假，就像支票印刷那样，以及使用更强力的胶水将它们粘到瓶子上。瓶子也做得越来越有识别度。

最近的旧酒丑闻中，有一件与罗德斯托克颇有相似之处——只是诈骗金额更高了。2003 年，印尼葡萄酒鉴赏家鲁迪·库尔尼尔万（Rudy Kuaniawan）突然出现在加利福尼亚南部的品酒会上。他很快在精英葡萄酒消费者中成了导师一样的存在，甚至当他进入拍卖市场时也是如此，最初他是稀有葡萄酒的大买家（也哄抬了价格），后来则变成来自勃艮第和波尔多那些知名葡萄酒的主要供货商。在 2006 年举行的两次纽约拍卖会上，来自他的酒窖的酒拍出了震惊世界、实际上有些荒唐的 3500 多万美元。震惊过后，这些拍卖会上稀有葡萄酒的大量出现就引起了质疑；2009 年，对于库尔尼尔万经手的任何酒，人们都怀疑其真实性。

2012 年初，FBI 特工突袭了库尔尼尔万在洛杉矶郊区的家，找到了许多制造假酒的设备，证据包括一台瓶塞封装设备、无数锡纸酒帽、上百个 19 世纪的假酒标，以及购买大量廉价勃艮第葡萄酒的记录。2013 年 12 月，库尔尼尔万被判在两起邮件诈骗案中有罪，并于 2014 年被判处了 10 年徒刑。同时，全球如此浮夸的名酒收藏与华而不实的饮酒之风正盛，库尔尼尔万的桥段终将会被新的丑闻取代。

在我们做出结论，认为假冒只是富人和土豪们才会遇到的事之前，考虑一下其他近期发生的葡萄酒造假事件，它们影响到普通大众。1985 年，一些酿酒商被发现在其生产的白葡萄酒中添加了少量的二甘醇（这种化合物在许多汽车的防冻剂中使用），他们这样做是为了增加那些单薄而又酸的葡萄酒的甜度，从而吸引邻居德国一些无知的葡萄酒消费者。虽然并没有饮酒者因为二甘醇而受伤，但奥地利的出口葡萄酒业因此遭受了巨大的打击，直到后来葡萄酒业的重组才最终促进奥地利产葡萄酒质量的大幅提升。但是次年，在意大利，至少有 20 人在饮用了廉价葡萄酒后死亡，这些酒中掺杂了甲醇，以提高酒精度。

即使是最知名的葡萄酒产区也不能幸免。1973 年，当名庄葡萄酒繁荣刚刚起步时，历史悠久的波尔多酒商、五级酒庄庞特卡耐的所有者克鲁斯（Cruse）和菲尔斯·弗拉里斯（Fils Fieres），被卷入一件篡改记录的丑闻，普通的餐酒被错贴上了波尔多法定产区的标签。尽管家族族长赫尔曼·克鲁斯个人并未卷入丑闻，但他还是自杀了，其家族形象受损，失去了酒庄。1998 年，当价格进一步上升时，另一家著名的葡萄酒生产商、玛歌中心区域的三级酒庄美人鱼也被卷入一桩丑闻。酒庄被指控用其他年份和其他地区的酒稀释其 1995 年份的副牌酒，并掺杂诸如牛奶和水果酸一类的添加物。酒庄的两位雇员被指控，但诉讼结果并没有被公开。尽管如此，波尔多葡萄酒的价格仍然疯涨。

最近一个轰动案件发生在波尔多的主要竞争区域勃艮第。2012 年中期，法国官方开始调查勃艮第最大的酿酒和运输企业之一的拉布雷酒庄，它被指控在向全世界出售的 150 万瓶葡萄酒中造假。指控包括掺杂来自法定产区之外的葡萄酒，将著名葡萄园的发酵液体与廉价的餐酒混在一起，以及乱贴酒标。有意思的是，这些被指控的造假并不是通过仔细评估发现的，而是源自一位审计人员，他发现该酒庄葡萄酒并没有出现应有的挥发损耗，其酒量保持恒定。但是，这一造假事件的规模之大是前所未有的，即使是在法定产区也是如此；2008 年，意大利媒体称，在昂贵的蒙塔希诺布鲁奈罗葡萄酒标签下出售的上百万升葡萄酒，并不是按法律规定的由 100% 的桑娇维塞制成，而包括来自蒙塔希诺之外的廉价葡萄。这一"布鲁奈罗"丑闻的反响极为广泛，美国政府甚至威胁，如果无法被证明是纯桑娇维塞，将禁止一切来自布鲁奈罗的进口。

这一威胁并不是空谈，因为至少从理论上来说，是可能测试出产地和品种的。每个葡萄产区都有独特稳定的碳、氧和氢的同位素成分，而同位素成分的比例数据库存于世界许多食物产区。由于同位素成分会在酿酒过程中保存下来，任何葡萄酒大致的产区都可以被检测出来。现在，通过两种基于 DNA 的技术，也可以测试出品种的真实性。其中一种方法是将来自葡萄树的 DNA 注入用于印刷酒标的墨中。一些澳大利亚酒庄使用这一方法来追踪和鉴定其产品。另一方法是直接将葡萄酒的 DNA 分离；发酵是不会破坏最终产品 DNA 的诸多食物加工方法之一。一旦瓶中葡萄酒的 DNA 被分离并被测序，测序结果可以与葡萄血统登记相对比，以

葡萄酒的自然史

确定用于制作葡萄酒的葡萄树品种。这一方法多年来被用于确定制作鱼子酱的鱼类品种，它们中的一些是濒危的鲟鱼种群。使用正确的设备，加工后的鱼子酱 DNA 可以被轻易分离，并与鱼类序列数据库相对比，以确定是什么品种。在所有这些类似的方法中，葡萄酒或食物中的 DNA 被当作"条形码"，用以判断其品种或来源。

这种 DNA 鉴定的方法还很新，未来具有很大发展前景。但是，历史教训是很清楚的。对于高端产品来说，人们喝掉的名酒很可能比生产的还多；对于低端产品来说，廉价葡萄酒掺杂牛血、蓄电池酸液以及其他令人不快的添加物的威胁是不太可能消失的，特别是在气候变暖使生产者们面临越来越恶劣种植环境的情况下。当然，那些购买古老而稀少的葡萄酒的人永远是在冒险，世界许多顶级餐厅警告其顾客，如果点了一瓶超过某一年份的稀有酒，就不会有转、闻和品这些程序，也不可能再把它送回去。也许应该是这样，特别是考虑到该葡萄酒自身的情况。总要有人承担风险。但是，确保葡萄酒的来源则是另一回事，在市场层面买者责任自负原则似乎是公平的。更重要的是，对于那些在寻找真正酒中珍品的人来说，互联网充满了各种可以发现假冒老酒的有用建议。

对于日常消费者来说，一切如常。只要掺假酒能够赚一美元，就会有人去做。如果我们想确定我们所喝的酒是什么，目前只能大部分依赖我们自己的知识和感官评价，或者根据官方的警示。尽管有技术的保证，但在缺乏监管的年代，权力部门在未来不太可能比过去提供更多的帮助。消费者仍然主要靠自己——当然，除非某些人开发出葡萄酒检测 APP：通过智能手机与庞大的数据库相连。

1 "TH.J." 即托马斯·杰弗逊。

葡萄酒的自然史

弗兰肯葡萄树和气候变化

FRANKEN-VINES

—— AND ——

CLIMATE CHANGE

Chapter 12

A NATURAL HISTORY
OF WINE

245

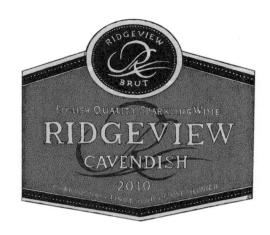

　　罗马人在整个英格兰酿酒，几乎延伸到苏格兰边界。随着气候的恶化，葡萄种植随后萎缩，哪怕英国南部的土地条件几乎与香槟产区相同。在20世纪，仅有一些顽固的怪人敢于在这种边缘条件下生产葡萄酒，但随着气候变暖，这种情况正在发生变化。我们从种类越来越多的英国起泡酒中选择了一瓶。它是用经典香槟葡萄品种酿造的，带来某种启示：新鲜、有活力，有细腻的慕斯感，并在最后有温暖的面包感。如果我们能买更多这种酒就好了。

葡萄酒的自然史

在这本书开始时，我们一窥古老的过去；当接近尾声时，将视角转向未来。回顾过去，我们可以看到，全球的气候变化多端。整个星球一度曾是冰冻的雪球；而在另一时期，恐龙曾生活在南极。小行星的影响、地球围绕太阳轨道的变化、大规模火山爆发，以及大气成分的变化仅是影响因素的一小部分，它们共同作用引发了全球气候和环境的巨大波动。往前看，对于酿酒业来说，气候不太可能保持不变，不管具体什么时候、什么具体的原因导致气候变化。我们已经讨论过现代科技对我们所饮用葡萄酒品质的影响；现在，由于近期气候的巨大变化已经越来越值得警惕，我们自然要问，技术能够如何帮助我们缓解气候变化对葡萄园及其产品的影响。一个明显的可能方案就是基因工程。

任何关于基因的人为干涉——不管是改变某个基因，进行某种杂交，还是将基因从一个基因组转移到另一个——都可以被认为是基因工程。根据这种宽泛的标准，人类从基因上已经操纵了葡萄上千年，基因在创造多种葡萄酒中扮演了重要的角色。但传统的基因工程是不准确和耗时的，还可能令人备受挫折，特别是预期的产品并没有通过杂交生产出来。现代基因工程技术可以减少等待与失败。正如我们看到的那样，所有用于葡萄酒生产的葡萄树基因血统登记正在进行，包括几千种砧木和葡萄品种的基因序列。这一血统登记对于追踪和鉴定葡萄酒生产中所使用的葡萄品种十分重要，对于确定哪些品种杂交可以产生令人期待的品质，也十分有潜力。

葡萄树基因组的数量超过2万。其中一些对于葡萄树在细胞层面上的生存十分重要。其他则对葡萄及葡萄树的特性十分重要，比如种子的产生和葡萄的颜色，它们使葡萄酒变得美味或者独特。到目前为止，在血统登记中只有少量的基因标注与发挥某种具体功能的基因相连。而且，它们被确认，仅仅因为它们在不同葡萄品种中是不同的。但是，一旦某一基因被发现与具体的葡萄酒特点相关，确定相近血统的标记就很容易——基因学家称之为邻近效应。比如，如果某一基因标记显示可以生产更多糖分，或者与某种吸引人的葡萄颜色相关，葡萄园管理者可以搜索血统登记本，确定其基因组内含有这一特性的葡萄品种，并进行恰当的杂交。血统登记使得葡萄种植者成为更有效率的"媒婆"。如果不断完善，它将提高改进葡萄谱系的潜力。因此，尽管两个世纪以来的葡萄种植者所做的基础工作与几千年前其前辈相同，但他们却可以更好地掌握基因杂交，改善对于葡萄酒酿制来说有用的葡萄特性。

分子或遗传的基因工程，是指将需要的基因从一个基因组转移到另一个。一些较为著名的农业分子工程学包括转基因玉米，它可以抵御病虫灾患，并生长得更快。这一干涉是有争议的，但它在植物种植和动物养殖的两个领域具有潜在价值：预防疾病，增产或提高质量。对于葡萄树来说，基因工程学也许可以用来提高其口感度、纯粹性或与酒精含量相关等特性。基因工程学还可以用来保证葡萄树和葡萄对于像根瘤蚜这样的昆虫，或晚腐病这样的坏菌类免疫。事实上，到2005年，已经存在大约30种经过基因工程处理的葡萄品种。在过去的几年里，基因变种葡萄的增速略有减缓，但已存在的品种已经提高了对病毒、细菌和菌类感染的抵抗能力，比如农杆菌、灰霉病、梭菌、毒属（线虫转播的病毒）和甜菜黄病毒。2002年，位于尚佩恩-厄巴纳的伊利诺伊斯大学的研究者们研究葡萄如何战胜一种被称为2,4-D的除草剂，他们向葡萄基因组加了一个基因，以降低来自土壤细菌（青枯养）中的化学物质。具体来说，就是将这个基因加入千瑟乐葡萄，生产出一种叫作"改进版千瑟乐"的葡萄。

康奈尔大学的研究者对加利福尼亚葡萄进行了实地测试，他们给葡萄注入了来自土壤菌群（哈茨木霉）的基因，希望产生一种能抵抗灰霉菌和白粉病的葡萄，而澳大利亚科学家则将一种防止褐变反应的基因注入了葡萄树。褐变的原因通常是一种被称为多酚氧化酶（PPO）的蛋白质的累积，它简单地改变了水果中一种被称为醌类的酚类分子，这种凝聚形成了褐色的色素。分子生物学家通过在基因组添加外来的DNA，降低了苏丹娜葡萄中的PPO。尽管基因工程学对植物的许多改造尝试看起来确实起到了作用,它是否能作为一种生产酿酒葡萄的方式被大众接受,仍有待观察。不确定性是存在的，因为对转基因植物和动物的态度在各大洲有所不同。欧盟国家对转基因食物产品十分警惕，而澳大利亚和美国人更能接受它们。（有趣的对比是，欧洲人对于进化的观念几乎是压倒性的接受，而有50%以上的美国人拒绝接受这一观点）。但是态度确实会变化。十年前，澳大利亚人绝对无法接受转基因动植物，但现在超过一半的被调查者是接受的。这种态度的变化可以解释为何美国和澳大利亚在转基因葡萄树上处于领先地位。

1999年，当人类基因工程学被广泛讨论时，普林斯顿大学的基因学家李·西尔弗（Lee Silver）提出了一种有趣的可能。在其《重塑伊甸园》一书中，西尔弗提出，未经控制的人类基因工程学会导致两种人类的产生：基因丰富型和基因贫乏型。他将自己的"勇敢新世界"观点建立在一种认识上，那就是只有富人才能利用新技术，而穷人，特别是发展中国家的人，则不能。这导致了英国作家威尔斯[1]所描述的可怕未来，分为艾洛伊族和莫洛克族[2]。尽管葡萄的问题并不建立在财富和存在性上，而是建立在觉得它是否合适的观念上，从理论上还是可以展望一种未来葡萄种植的二分法——基因被污染的新世界和基因纯粹的旧世界。但是,葡萄酒贸易已经全球化,很难根据大陆界线来想象这些变化。

英格兰南部唐斯风光，雷威斯镇附近。那些吃草的绵羊后面位于图画
中部的斜坡，也许有一天会种满葡萄树。

未来的发展会明显取决于在面对强有力的商业刺激下，文化态度
的适应能力。

◆ ◆ ◆

在我们关于风土的讨论中，我们看到某些地区似乎或者已经
被认为特别适合生产伟大的葡萄酒。但我们注意到当地气候在决
定完美风土中的重要性，我们就不能忽视有证据显示，全球的气
候正在发生变化。气候变化的原因，以及我们观察到的是一种暂
时波动还是一种长期的趋势，都是富有争议的政治问题。但是气
候确实在变化，而在地球任何一个地点，葡萄树的生长条件都在
随其变化而变化。

葡萄酒的自然史

　　我们在意想不到的地区发现了支持这一点的证据。位于英吉利海峡两岸、法国香槟地区和英格兰南部唐斯地区出现的岩石，从地质学角度上来说基本一致，由岩石风化形成的土壤也是如此。这两个地区的地形也非常相似，在地理上海拔的差异不超过一度。但是这两个地区在传统上，一个地区生产全球著名的葡萄酒，另一个地区，绵羊温顺地在草地上吃草，而牧羊人在当地酒吧畅饮啤酒。

　　大约20年前，一位法国朋友非常高兴地送给伊恩一本名为《不可能的葡萄酒》的书，这本书带领读者前往各种奇怪的和不可能的地区，在那里，古怪的人们用他们自创的方式种植酿酒葡萄。其中，英格兰占据了主要位置；1990年，当这本书出版时，那里只出产极少量的葡萄酒——甚至是不产葡萄酒。几乎所有英格兰的地区，阴雨天气太多，光照不足，成熟季太短。但即便如此，变化也正在发生。1961年到2006年，英格兰南部的年平均温度上升了大约2摄氏度。这也许听起来不多，但在气候上却极为重要，相当于纬度南移了300多千米。很大程度上是因为气候变暖（尽管也受到法律调整的推动），精品葡萄酒业在英格兰南部繁荣起来。其中最成功的就是起泡酒。这些起泡酒中最好的完全可以与海峡对岸的酒庄相提并论。偶尔，英格兰起泡酒会在盲选中打败香槟产区的杰出品牌。

　　但是，香槟产区的种植者现在并没有不开心。他们居住在法国主要葡萄酒产区的最北部，这里处于种植葡萄的边缘纬度。事实上，香槟地区生产起泡酒的传统，很可能是缘于那里生产的静态酒对于大多数人来说，太酸了。自从全球气候变暖开始，香槟产区的环境也有所改善，生产年份酒（单一年份）的杰出年份出现的频率有所提高。无论如何，从长期看还是有担忧的理由。香槟产区的两大主要葡萄品种是黑皮诺和霞多丽。它们都适合生长在较寒冷地区，但它们对气温的耐受程度有所不同。当开始挂果时，黑皮诺在 14~16 摄氏度这一狭窄范围内能够最好地生长，而霞多丽耐受度更高，耐受温度可以达到 18 摄氏度左右。目前，香槟产区的气温对于这两种葡萄的生长都处于有利范围内，进一步变暖有可能增加适合种植葡萄的土地面积，但是过高的气温在某种程度上会使黑皮诺的种植面积缩小，最终改变这一传统葡萄酒产区的葡萄酒风格。

◆ ◆ ◆

葡萄酒生产者可以应对气候变暖的方式之一，是在更凉爽的高地种植葡萄。但这并不适用于所有地区，特别是在较为平坦的梅多克地区，它的纬度位于香槟产区以南近 500 千米。经过仔细测算，波尔多整个产区的气温已经临近本地传统品种可承受的最高值，而一个令人警惕的预测是，在未来大约 25 年，气温在内陆可能飞升 7 摄氏度，而在沿海增长 5 摄氏度。即使增长没那么高，也会超出适宜赛美蓉和长相思这样的传统白葡萄生长的温度范围，最终只能改种其他品种。它还很可能影响目前生长的红葡萄品种，对酿制葡萄酒的风格产生巨大影响。在更高的温度下，光照更强烈，葡萄成熟得更快；它可能产生更多的糖以取代酸及其他组成葡萄酒结构的化合物。

在澳大利亚的实验发现，通过多样的剪枝模式，生产者可以控制成熟时间，以防止水果成分的不平衡，或者保证生长在某一特定地区的品种不会因为同时成熟而带来来不及采摘的问题。但是，这种干涉的效果是有限的，气温的改变会对传统地区的葡萄酒酿制产生重要影响。波尔多地区特别需要引起注意，那里的声望是建立在生产某种特定风格葡萄酒之上的。全球的葡萄酒饮用者认为那里所产的红葡萄酒拥有强劲的丹宁结构，和相对收敛的果香。如果波尔多地区的生产者开始生产加利福尼亚热

带山谷中那种丰富的、水果味的葡萄酒,没人知道市场会如何反
应。那些会迎合顾客需求的名庄庄主们需要去思考这一点,许多
已经开始了。

但是,波尔多和法国其他地区的情况是复杂的,不仅因为自
然的力量,也因为该国的法定产区法。它们严格规定了哪些地区
种植哪些葡萄品种,以及如何混酿。波尔多酿酒者为适应变换的
环境而改变品种,会自动丧失波尔多法定产区的命名,以及任何
更高的子产区命名,如波亚克产区或圣埃斯泰夫产区。当某种葡
萄酒被降级,它只能以更低的价格出售,这对于酿酒者来说,意
味着市场不鼓励他们通过种植更为合适品种来应对气候变化。

美国葡萄酒产区有其自己的命名系统,但因为市场由占主导
地位的品种来操控的,因此酿酒师们在选用葡萄方面有更大的灵
活性。无论如何,气候变化正像影响旧世界那样,也影响了新世
界的葡萄酒生产。2006年,犹他州大学的迈克尔·怀特(Michael
White)和其同事做出了北美大陆未来气候的模型,总结出美国大
陆适合出产优质葡萄酒的地点,很可能到21世纪末种植区面积
会降低81%。他们认为,传统地区的葡萄种植者会转而种植耐受
更高气温、品质更差的品种。而在许多地区,因为过热的天气有
所延长,葡萄种植会消失。他们还预测,在21世纪内,美国优质
葡萄酒的生产会局限在西海岸和东北部某些地区,那些地区目前
大部分区域为过多的降雨所困扰。

但是,高温以及可能随之而来的干旱和森林火灾,还不是世界
酿酒商需要应对的所有问题。随着气候变暖,气温的不确定性有所
增加,如果农民们仇恨什么东西的话——尤其是葡萄种植者——那
就是不可预测性。此外,葡萄树对于其生长环境是很挑剔的,很容
易生病。比如,如果种植季早期开花阶段的条件不利,落果就少,

那么产量就会减少。这并不一定是坏事，因为随着这种变化，葡萄树也许会把养分集中供给较少的果实，生产出味道更浓郁的产品。但是，如果落果后的生长条件也不理想，那结果可能是灾难性的。相似的，如果生长季节太炎热或太潮湿，真菌类疾病也许会发生；而如果果实成熟阶段的热量和光照太少，它们也许达不到理想的成熟期，最好的成熟状态是糖分开始增加，不好闻的有机酸减少。相比之下，如果葡萄生长时太炎热或太潮湿，糖分成熟很可能在葡萄达到酚类物质成熟期前就完成了，这意味着葡萄酒中的丹宁和酚类物质会变得艰涩和粗糙。

气候变暖也会增加极端天气事件的可能性，包括冬季结冰、春季冰雹及夏季干旱。在几个有利的年份后，2012年欧洲的生长季气候极为糟糕，恰巧在美国也出现了史上最高温。欧洲南部天气极为干旱，而北部极为寒冷，这使葡萄生产陷入浩劫。在法国，总产量下降了20%，而葡萄的质量也受到影响。

气候模型是一个狡猾程序，不是所有的预测都那么准确。但是一些趋势似乎是很明显的，尽管许多葡萄科学家仍深信他们能找到方法，使用技术创新来应对变化。虽然时间尚未明确，但从长期来看，加利福尼亚酒庄需要考虑将其葡萄园移到更高的地方（在一些著名的地区，一些最好的高地已经被占领），并将其种植的从更适合寒冷天气的品种，如雷司令、黑皮诺和霞多丽，转换为那些能在更热环境下繁荣生长的品种，如内比奥罗、仙粉黛和佳丽酿。对葡萄树本身以及使它们生长的方法进行的积极实验，可以延长已有产区的主导性，而基因工程技术也可以提供帮助。

但即使如此，一些人认为，在几十年内，适合优质葡萄酒生产的纳帕谷地区将减产50%。同时，俄勒冈（著名的是威勒梅特谷）和

葡萄酒的自然史

华盛顿州更冷一些的地区将会成为西海岸葡萄酒生产的主力。即使是加拿大大不列颠哥伦比亚州的奥卡纳根谷,也有可能从边缘生产区域成为主要生产区。在美国东部的手指湖、哈德逊谷低谷和长岛,都将随着气候变暖成为葡萄酒重要产区。

从世界范围来讲,人们也预测葡萄酒产区会发生改变。塔斯马尼亚和新西兰的南岛有望在澳洲优质葡萄酒生产中变得更为重要,而在欧洲,我们已经看到,英格兰南部将会变得更重要(如果葡萄园可以与其他形式的土地使用相竞争的话)。在炎热干旱的地区,比如葡萄牙和西班牙南部,葡萄酒生产已经开始转移到地势更高的地方。总的说来,我们处于一个剧烈变化的时期,葡萄酒生产者如果想应对潜在的巨大变化,就必须反应敏捷,这些变化包括森林火灾以及洪水等灾难发生频率的增加。

这是否意味着,消费者需要学习欣赏不同风格的葡萄酒,即由我们完全不熟悉的葡萄品种酿造的葡萄酒。如果现在的气候变化趋势持续下去,从长期来看,回答几乎是完全肯定的。但没有人知道长期到底多长,我们也不能预测人类的天赋能否会发明一些东西来缓解这些变化。最好的推测就是,葡萄酒生产者有维持现状的巨大动力,将会使用一切可能的手段来为葡萄酒消费者提供稳定的产品,这些顾客知道自己喜爱什么(或至少他们认为自己知道)。但是,适应不断变化的气候需要许多努力。俄勒冈大学的气候学家格里高利·琼斯(Gregory Jones)预测,北半球适合制酒的广泛地理区域将在未来几百年里向北迁移275~550千米,他指出了未来的方向:"将会是那些……最有意识的,那些用方法和技术实验的——在植物培育和基因方面,在田间,在加工过程中——做出最大程度的适应。"

　　所以，就像技术的进步给酿酒商提供了无限可能一样，葡萄种植者们会发现自己处于《爱丽丝镜中奇遇》里的红王后相同的位置，她的臣民需要跑得尽可能快，才有可能停在同一地方。不久，许多葡萄种植者就会发现，他们不得不同样对其葡萄园和生产程序做出改变，以使其葡萄酒看起来和品尝起来与以前一样。而对于在葡萄酒味道和期待上是相当保守的品酒者来说，将会希望种植者们能获得成功。

葡萄酒的自然史

1 赫伯特·乔治·威尔斯, *1866-1946*, 英国著名小说家, 新闻
   记者、政治家、社会学家和历史学家。他创作了多部有影响力
   的科幻小说, 包括《时间机器》《星际战争》《当睡者醒来时》等。

2 来自威尔斯的《时间机器》。艾洛伊是生活在地面上的人,
   不思劳动, 过度追求安逸的生活, 而莫洛克人是生活在地下
   的人类, 在地下为艾洛伊人生产各种物品, 但是他们的食品却是由
   艾洛伊人提供的。

ANNOTATED
BIBLIOGRAPHY
*

参考书目

Annotated Bibliography

There is a huge literature on wine. Below we provide a chapter-by chapter annotated listing of the major sources consulted and quoted in the writing of this book.

CHAPTER 1. VINOUS ROOTS

The best available overviews of ancient wine and other fermented beverages are McGovern, *Ancient Wine* and *Uncorking the Past*. The evidence for early wine production at Areni is given in Barnard et al., "Chemical Evidence." The Xenophon quotation is from book 4. For general information on Abu Hureya see Moore, Hillman, and Legge, *Village on the Euphrates;* for Hajji Firuz Tepe wine residues consult McGovern, Glusker, and Exner, "Neolithic Resinated Wine." Vouillamoz et al., "Genetic Characterization," looks at traditional Caucasian cultivars. For an overview of wine in ancient Egypt, see Poo, *Wine and Wine Offering,* and for an analysis of ancient Egyptian herbal wines see McGovern, Mirzoian, and Hall, "Ancient Egyptian Herbal Wines." For early evidence of viticulture, see Jiang et al., "Evidence for Early Viticulture in China," and McGovern et al., "Beginning of Viniculture in France." Standage, *History of the World in Six Glasses,* provides an entertaining general survey of wine consumption in the classical world, and Unwin, *Wine and the Vine,* and Phillips, *Short History of Wine,* provide more detail. The Franklin quotation is from a letter written to the abbé André Morellet in 1787. A comprehensive review of Prohibition worldwide is furnished by Blocker, Fahey, and Tyrrell, *Alcohol and Temperance in Modern History.*

Barnard, H., A. N. Dooley, G. Areshian, B. Gasparyan, and K. F. Faul."Chemical Evidence for Wine Production Around 4000 BCE in the Late Chalcolithic Near Eastern Highlands." *Journal of Archaeological Science* 38 (2011): 977–984.

Blocker, Jack. S., Jr., David M. Fahey, and Ian R. Tyrrell, eds. *Alcohol and Temperance in Modern History: An International Encyclopedia.* Santa Barbara, Calif.: ABC-CLIO, 2003.

Jiang, H.-E., Y.-B. Zhang, X. Li, Y.-F. Yao, et al. "Evidence for Early Viticulture in China: Proof of a Grapevine (*Vitis vinifera* L., Vitaceae) in the Yanghai Tombs, Xinjiang." *Journal of Archaeological Science* 36 (2009): 1458–1465.

McGovern, Patrick E. *Ancient Wine: The Search for the Origins of Viticulture.* Princeton: Princeton University Press, 2003.

McGovern, Patrick E. *Uncorking the Past: The Quest for Wine, Beer and Other Alcoholic Beverages.* Berkeley: University of California Press, 2009.

McGovern, P. E., D. L. Glusker, and L. J. Exner. "Neolithic Resinated Wine." *Nature* 381 (1996): 480–481.

McGovern, P. E., B. P. Luley, N. Rovira, A. Mirzoian, et al. "Beginning of Viniculture in France." *Proceedings of the National Academy of Sciences of the United States of America* 110, no. 25 (2013): 10147–10152.

McGovern, P. E., A. Mirzoian, and G. R. Hall. "Ancient Egyptian Herbal Wines." *Proceedings of the National Academy of Sciences of the United States of America* 106 (2009): 7361–7366.

Moore, A. M. T., G. C. Hillman, and A. J. Legge. *Village on the Euphrates: From Foraging to Farming at Abu Hureyra.* Oxford: Oxford University Press, 2000.

Phillips, Rod. *A Short History of Wine.* London: Allen Lane 2000.

Poo, Mu-chou. *Wine and Wine Offering in the Religion of Ancient Egypt.* London: Kegan Paul, 1995.

Standage, Tom. *A History of the World in Six Glasses.* New York: Walker, 2005.

Unwin, Tim. *Wine and the Vine: An Historical Geography of Viticulture and the Wine Trade.* London: Routledge, 1996.

Vouillamoz, J. F., P. E. McGovern, A. Ergul, G. Söylemezoğlu, et al. "Genetic Characterization and Relationships of Traditional Grape Cultivars from Transcaucasia and Anatolia." *Plant Genetic Resources* 4, no. 2 (2006): 144–158.

Xenophon. *Anabasis: The March Up Country.* Trans. H. G. Dakyns. El Paso: El Paso Norte Press, 2007.

CHAPTER 2. WHY WE DRINK WINE

For added longevity in fruit fly "drinkers," see Starmer, Heed, and Rockwood-Sluss, "Extension of Longevity"; for self-medication see Milan, Kacsoh, and Schlenke, "Alcohol Consumption as Self-medication"; and for sexual deprivation and ethanol preference see Shohat-Ophir et al., "Sexual Deprivation Increases Ethanol Intake." The tippling habits of tree shrews were reported in Wiens et al., "Chronic Intake of Fermented Floral Nectar." For general discussions of ethanol consumption and alcoholism see Levey, "Evolutionary Ecology of Ethanol Production"; Dudley, "Ethanol, Fruit Ripening, and the Historical Origins of Human Alcoholism"; and Milton, "Ferment in the Family Tree." For ethanol and foraging see Dominy, "Fruits, Fingers and Fermentation." For specific statements of the "drunken monkey hypothesis," consult Dudley, "Evolutionary Origins of Human Alcoholism," and Stephens and Dudley, "Drunken Monkey Hypothesis." For enzyme change in common ancestor of African apes and humans see Carrigan et al., "Hominids."

Carrigan, M. A., Uryasev, O., Frye, C. B., Eckman, B. L., et al. "Hominids Adapted to Metabolize Ethanol Long Before Human-directed Fermentation." *Proceedings of the National Academy of Sciences of the United States of America* 112, no. 2 (2014): 458–463.

Dominy, N. J. "Fruits, Fingers and Fermentation: The Sensory Cues Available to Foraging Primates." *Integrative and Comparative Biology* 44 (2004): 295–303.

Dudley, R. "Ethanol, Fruit Ripening, and the Historical Origins of Human Alcoholism in Primate Frugivory." *Integrative and Comparative Biology* 44 (2004): 315–323.

Dudley, R. "Evolutionary Origins of Human Alcoholism in Primate Frugivory." *Quarterly Review of Biology* 75 (2000): 3-15.

Levey, D. J. "The Evolutionary Ecology of Ethanol Production and Alcoholism." *Integrative and Comparative Biology* 44 (2004): 284-289.

Milan, N. F., B. Z. Kacsoh, and T. A. Schlenke. "Alcohol Consumption as Self-medication Against Blood-borne Parasites in the Fruit Fly." *Current Biology* 22 (2012): 488-493.

Milton, K. "Ferment in the Family Tree: Does a Frugivorous Dietary Heritage Influence Contemporary Patterns of Human Ethanol Use?" *Integrative and Comparative Biology* 44 (2004): 304-314.

Shohat-Ophir, G., K. R. Kaun, R. Azanchi, and U. Heberlein. "Sexual Deprivation Increases Ethanol Intake in *Drosophila*." *Science* 335 (2012): 1351-1355.

Starmer, W. T., W. B. Heed, and E. S. Rockwood-Sluss. "Extension of Longevity in *Drosophila mojavensis* by Environmental Ethanol: Differences Between Subraces." *Proceedings of the National Academy of Sciences of the United States of America* 74 (1977): 387-391.

Stephens, D., and R. Dudley. "The Drunken Monkey Hypothesis: The Study of Fruit-eating Animals Could Lead to an Evolutionary Understanding of Human Alcohol Abuse." *Natural History* 113 (2004): 40-44.

Wiens, F., A. Zitzmann, M.-A. Lachance, M. Yegles, et al., "Chronic Intake of Fermented Floral Nectar by Wild Treeshrews." *Proceedings of the National Academy of Sciences of the United States of America* 105 (2008): 10426-10431.

CHAPTER 3. WINE IS STARDUST

This chapter is based on some basic biology and biochemistry that can be obtained in any good high school biology textbook. We self-servingly offer as an example DeSalle and Heithaus, *Biology*. More specific treatment of the chemistry, biochemistry, and biology involved can be found in two superb books by Nick Lane, *Oxygen* and *Life Ascending* (which has a wonderful description of how photosynthesis works), and, on wine specifically, in Margalit, *Concepts in Wine Chemistry*. Zuckerman's discovery of extraterrestrial alcohol molecules is amusingly discussed in Tyson, "Milky Way Bar," which is also the source of the quotation. The biology of convergence in general is presented nicely in Huston, *Biological Diversity*, while the biology and genetics of gene expression in grape material can be found in Grimplet et al., "Tissue-specific mRNA Expression Profiling." The phylogenetics of plants discussed in this chapter can be found in Lee et al., "Functional Phylogenomics View of the Seed Plants."

DeSalle, Rob, and Michael R. Heithaus. *Biology*. New York: Holt, Rinehart and Winston, 2007.

Felger, R., and J. Henrickson. "Convergent Adaptive Morphology of a Sonoran Desert Cactus (*Peniocereus striatus*) and an African Spurge (*Euphorbia cryptospinosa*)." *Haseltonia* 5 (1977): 77-85.

Grimplet, J., L. G. Deluc, R. L. Tillett, M. D. Wheatley, et al. "Tissue-specific mRNA Expression Profiling in Grape Berry Tissues." *BMC Genomics* 8, no. 1 (2007): 187.

Huston, Michael A., *Biological Diversity: The Coexistence of Species*. Cambridge: Cambridge University Press, 1994.

葡萄酒的自然史

Lane, Nick. *Life Ascending: The Ten Great Inventions of Evolution.* London: Profile, 2010.

Lane, Nick. *Oxygen: The Molecule That Made the World.* Oxford: Oxford University Press, 2002.

Lee, E. K., A. Cibrian-Jaramillo, S. O. Kolokotronis, M. S. Katari, et al. "A Functional Phylogenomics View of the Seed Plants." *PLoS Genet* 7, no. 12 (2011):e1002411.

Margalit, Yair. *Concepts in Wine Chemistry.* 3rd ed. San Francisco: Wine Appreciation Guild, 2012.

Tyson, N. D. "The Milky Way Bar." *Natural History* 103 (August 1995): 16–18.

CHAPTER 4. GRAPES AND GRAPEVINES

The *Revisio* is Kuntze, *Revisio generum plantarum vascularium.* The biology of seeds and the discovery of seedlessness is discussed in a recent publication by Lora et al., "Seedless Fruits." Darwin's "Abominable Mystery" is described from a historical perspective in Friedman, "Meaning of Darwin's 'Abominable Mystery,'" and living fossils are adeptly discussed in Fortey, *Survivors.* There is a huge literature on the origins of grapes and their relationships using molecular techniques. Key references include This, Lacombe, and Thomas, "Historical Origins"; Soejima and Wen, "Phylogenetic Analysis"; Tröndle et al., "Molecular Phylogeny"; Zecca et al., "Timing and Mode of Evolution"; Myles et al., "Genetic Structure"; Le Cunff et al., "Construction of Nested Genetic Core Collections"; Bacilieri et al., "Genetic Structure" (for the findings of Laucou's team); de Andrés et al., "Molecular Characterization of Grapevine Rootstocks" (for the findings of Zapater's team); Arroyo-García et al., "Multiple Origins"; and Terral et al., "Evolution and History."

Arroyo-García, R., L. Ruiz-García, L. Bolling, R. Ocete, et al. "Multiple Origins of Cultivated Grapevine (Vitis vinifera L. ssp. sativa) Based on Chloroplast DNA Polymorphisms." *Molecular Ecology* 15, no. 12 (2006): 3707–3714.

Bacilieri, R., T. Lacombe, L. Le Cunff, M. Di Vecchi-Staraz, et al. "Genetic Structure in Cultivated Grapevines Is Linked to Geography and Human Selection." *BMC Plant Biology* 13, no. 1 (2013): 25.

de Andrés, M. T., J. A. Cabezas, M. T. Cervera, J. Borrego, et al. "Molecular Characterization of Grapevine Rootstocks Maintained in Germplasm Collections." *American Journal of Enology and Viticulture* 58, no. 1 (2007): 75–86.

Fortey, Richard. *Survivors: The Animals and Plants That Time Has Left Behind.* London: Harper Collins, 2011.

Friedman, W. E. "The Meaning of Darwin's 'Abominable Mystery.'" *American Journal of Botany* 96, no. 1 (2009): 5–21.

Kuntze, Otto. *Revisio generum plantarum vascularium omnium atque cellularium multarum secundum Leges nomenclaturae internationales cum enumeratione plantarum exoticarum in itinere mundi collectarum: Pars I-[III].* Vol. 3A. Leipzig: Felix, 1893.

Le Cunff, L., A. Fournier-Level, V. Laucou, S. Vezzulli, et al. "Construction of Nested Genetic Core Collections to Optimize the Exploitation of Natural Diversity in Vitis vinifera L. subsp. sativa." *BMC Plant Biology* 8, no. 1 (2008): 31.

Lora, J., J. I. Hormaza, M. Herrero, and C. S. Gasser. "Seedless Fruits and the Disruption of a

Conserved Genetic Pathway in Angiosperm Ovule Development." *Proceedings of the National Academy of Sciences of the United States of America* 108, no. 13 (2011): 5461–5465.

Myles, S., A. R. Boyko, C. L. Owens, P. J. Brown, et al. "Genetic Structure and Domestication History of the Grape." *Proceedings of the National Academy of Sciences of the United States of America* 108, no. 9 (2011): 3530–3535.

Soejima, A., and J. Wen. "Phylogenetic Analysis of the Grape Family (Vitaceae) Based on Three Chloroplast Markers." *American Journal of Botany* 93, no. 2 (2006): 278–287.

Terral, J.-F., E. Tabard, L. Bouby, S. Ivorra, et al. "Evolution and History of Grapevine (*Vitis vinifera*) Under Domestication: New Morphometric Perspectives to Understand Seed Domestication Syndrome and Reveal Origins of Ancient European Cultivars." *Annals of Botany* 105, no. 3 (2010): 443–455.

This, P., T. Lacombe, and M. R. Thomas. "Historical Origins and Genetic Diversity of Wine Grapes." *Trends in Genetics* 22, no. 9 (2006): 511–519.

Trias-Blasi, A., J. A. N. Parnell, and T. R. Hodkinson. "Multi-gene Region Phylogenetic Analysis of the Grape Family (Vitaceae)." *Systematic Botany* 37, no. 4 (2012): 941–950.

Tröndle, D., S. Schröder, H.-H. Kassemeyer, C. Kiefer, et al. "Molecular Phylogeny of the Genus *Vitis* (Vitaceae) Based on Plastid Markers." *American Journal of Botany* 97, no. 7 (2010): 1168–1178.

Zecca, G., J. R. Abbott, W.-B. Sun, A. Spada, et al. "The Timing and the Mode of Evolution of Wild Grapes (Vitis)." *Molecular Phylogenetics and Evolution* 62, no. 2 (2012): 736–747.

CHAPTER 5. YEASTY FEASTS

The dynamics of yeast and fungal systematics can be found in James et al., "Reconstructing the Early Evolution of Fungi" (for the Vilgalys team); Liti et al., "Population Genomics"; and Stefanini et al., "Role of Social Wasps" (for the Cavalieri team). See the last of these for the role of hornets. The quotation on microbial cities comes from Tiedje, "20 Years Since Dunedin."

James, T. Y., F. Kauff, C. L. Schoch, P. B. Matheny, et al. "Reconstructing the Early Evolution of Fungi Using a Six-gene Phylogeny." *Nature* 443, no. 7113 (2006): 818–822.

Liti, G., D. M. Carter, A. M. Moses, J. Warringer, et al. "Population Genomics of Domestic and Wild Yeasts." *Nature* 458, no. 7236 (2009): 337–341.

Stefanini, I., L. Dapporto, J.-L. Legras, A. Calabretta, et al. "Role of Social Wasps in *Saccharomyces cerevisiae* Ecology and Evolution." *Proceedings of the National Academy of Sciences of the United States of America* 109, no. 33 (2012): 13398–13403.

Tiedje, J. M. "20 Years Since Dunedin: The Past and Future of Microbial Ecology." In *Microbial Biosystems: New Frontiers. Proceedings of the 8th International Symposium on Microbial Ecology*, ed. C. R. Bell, M. Brylinsky, and P. Johnson-Green. Halifax: Atlantic Canada Society for Microbial Ecology, 1999. Available at http://plato.acadiau.ca/isme/Symposium29/tiedje.PDF.

CHAPTER 6. INTERACTIONS

The historical writings referenced in this chapter include Theophrastus, Enquiry into Plants; Darwin, On the Various Contrivances; and Wainwright and Lederberg, "History of Microbiology" (which contains material on Martinus Beijerinck and Sergei Winogradsky). Microbial components of wine and the genetics of wine color are discussed in Moter and Göbel, "Fluorescence in Situ Hybridization"; Renouf, Claisse, and Lonvaud-Funel, "Inventory and Monitoring"; Barata, Malfeito-Ferreira, and Loureiro, "Microbial Ecology" (the "researchers in Portugal"); Shimazaki et al., "Pink-colored Grape Berry"; and Bokulich et al., "Microbial Biogeography."

Barata, A., M. Malfeito-Ferreira, and V. Loureiro. "The Microbial Ecology of Wine Grape Berries." International Journal of Food Microbiology 153, no. 2 (2012): 243–259.

Bokulich, N. A., J. H. Thorngate, P. M. Richardson, and D. A. Mills. "Microbial Biogeography of Wine Grapes Is Conditioned by Cultivar, Vintage, and Climate." Proceedings of the National Academy of Sciences of the United States of America 111, no. 1 (2014): E139–E148.

Darwin, Charles. On the Various Contrivances by Which British and Foreign Orchids Are Fertilised by Insects: And on the Good Effects of Intercrossing. London: Murray, 1862.

Moter, A., and U. B. Göbel. "Fluorescence in Situ Hybridization (FISH) for Direct Visualization of Microorganisms." Journal of Microbiological Methods 41, no. 2 (2000): 85–112.

Renouf, V., O. Claisse, and A. Lonvaud-Funel. "Inventory and Monitoring of Wine Microbial Consortia." Applied Microbiological Biotechnology 75, no. 1 (2007): 149–164.

Shimazaki, M., K. Fujita, H. Kobayashi, and S. Suzuki. "Pink-colored Grape Berry Is the Result of Short Insertion in Intron of Color Regulatory Gene." PLoS One 6, no. 6 (2011): e21308.

Theophrastus. Enquiry into Plants, Books 1–5. Trans. A. F. Hort. Cambridge: Harvard University Press, 1916.

Theophrastus. Enquiry into Plants, Books 6–9; Treatise on Odours; Concerning Weather Signs. Trans. A. F. Hort. Cambridge: Harvard University Press, 1916.

Wainwright, Milton, and Joshua Lederberg. "History of Microbiology." Encyclopedia of Microbiology, 2:419–437. New York: Academic Press, 1992.

CHAPTER 7. THE AMERICAN DISEASE

A classic of phylloxera literature is Planchon's Vignes américaines. There are several excellent current books on phylloxera, among them those by Campbell (Botanist and the Vintner) and Gale (Dying on the Vine). The latter, in particular, contains a large bibliography pointing to the extensive specialized literature on the subject. Important work on the life cycle of the phylloxera insect was reported in Granett, Bisabri-Ershadi, and Carey, "Life Tables of Phylloxera." The Prial quote is from his "After Phylloxera," and a radical appraisal of the long-term health effects of the French phylloxera outbreak was recently published by Banerjee et al. ("Long-run Health Impacts").

Banerjee, A., E. Duflo, G. Postel-Vinay, and T. Watts. "Long-run Health Impacts of Income Shocks: Wine and Phylloxera in Nineteenth-century France." Review of Economics and Statistics 92 (2013): 714–728.

Campbell, Christy. *The Botanist and the Vintner: How Wine Was Saved for the World*. New York: Algonquin Books of Chapel Hill, 2004.

Gale, George D., Jr. *Dying on the Vine: How Phylloxera Transformed Wine*. Berkeley: University of California Press, 2011.

Granett, J., B. Bisabri-Ershadi, and J. Carey. "Life Tables of Phylloxera on Resistant and Susceptible Rootstocks." *Entomology Experimental and Applied* 34, no. 1 (1983): 13–19.

Planchon, Jules-Émile. *Les Vignes américaines: leur culture, leur résistance au Phylloxéra et leur avenir en Europe*. 1875. Available at amazon.com in several facsimile reprints.

Prial, F. "After Phylloxera, the First Taste of a Better Grape." *New York Times*, May 5, 1999.

CHAPTER 8. THE REIGN OF TERROIR

A socioeconomic consideration of the concept of terroir and the practical challenges it imposes is provided in Barham, "Translating Terroir." A good general discussion is found in Sommers, *Geography of Wine*. An important overview of terroir in the French wine lands, including Champagne, the Bordelais, and Burgundy, is Wilson, *Terroir*, and classic works on Cahors and the soils of Bordeaux are Baudel, *Vin de Cahors*, and Seguin, *Influence des facteurs naturels*, respectively. A good technical treatment of soils is White, *Soils for Fine Wines*, and a splendidly accessible treatment of terroir in the Napa Valley is Swinchatt and Howell, *Winemaker's Dance*.

Barham, E. "Translating Terroir: The Global Challenge of French AOC Labeling." *Journal of Rural Studies* 19 (2003): 127–138.

Baudel, José. *Le Vin de Cahors*. Luzech: Cotes d'Olt, 1972.

Seguin, Gérard. *Influence des facteurs naturels sur les caractères des vins*. Paris: Dunod, 1971.

Sommers, Brian J. *The Geography of Wine: How Landscapes, Cultures, Terroir and the Weather Make a Good Drop*. New York: Plume, 2008.

Swinchatt, Jonathan, and David G. Howell, *The Winemaker's Dance: Exploring Terroir in the Napa Valley*. Berkeley: University of California Press, 2004.

White, Robert E. *Soils for Fine Wines*. Oxford: Oxford University Press, 2003.

Wilson, James E. *Terroir: The Role of Geology, Climate, and Culture in the Making of French Wines*. Berkeley: University of California Press, 1998.

CHAPTER 9. WINE AND THE SENSES

Excellent overall references for how wine piques our senses can be found in McGovern, *Uncorking the Past*, and Shepherd, *Neurogastronomy*. Historical references for this chapter include Piccolino and Wade, "Galileo Galilei's Vision of the Senses"; Liger-Belair, *Uncorked;* McCoy, *Emperor of Wine*; and Lukacs, *Inventing Wine*. Yokoyama, "Molecular Evolution," provides an excellent review of color vision in vertebrates, while Turin and Yoshii, "Structure-odor Relations," details the process of odor perception, and tetrachromacy in humans was reported by Nagy et al. (1981). Peynaud's classic work on the sensory evaluation of wine, *The Taste of Wine*, is well worth reading if you can find it. For the relationship between the shape of the

葡萄酒的自然史

266

glass and Champagne bubbles, see Liger-Belair, *Uncorked*. On the influence of difficult-to-pronounce winery names see Mantonakis and Galiffi, "Does How Fluent a Winery Name Sounds Affect Taste Perception?" For a lively discussion of the Robert Parker phenomenon, see Lukacs, *Inventing Wine*. A good general reference on neuroeconomics is Glimcher, *Foundations of Neuroeconomic Analysis*. References for the specific neuroeconomic studies discussed in this chapter can be found in Plassman et al., "Marketing Actions"; Mantonakis et al., "False Beliefs Can Shape Current Consumption"; DeMello and Pires Gonçalves, "Message on a Bottle"; Mantonakis and Galiffi, "Does How Fluent a Winery Name Sounds Affect Taste Perception?"; and Almenberg and Almenberg, "Appendix 2" (for the Swedish-Yale experiment and quotation).

Almenberg, Johan, and Anna Dreber Almenberg, "Appendix 2: Experimental Conclusions." In *The Wine Trials: A Fearless Critic Book*, ed. Robin Goldstein, with Alexis Herschkowitsch. Austin, Tex.: Fearless Critic Media, 2008.

De Mello, L., and R. Pires Gonçalves. "Message on a Bottle: Colours and Shapes in Wine Labels." *Munich Personal RePEc Archive*, Paper No. 13122 (2009).

Glimcher, Paul W. *Foundations of Neuroeconomic Analysis*. Oxford: Oxford University Press, 2011.

Liger-Belair, Gérard. *Uncorked: The Science of Champagne*. Rev. ed. Princeton: Princeton University Press, 2013.

Lukacs, Paul. *Inventing Wine: A New History of One of the World's Most Ancient Pleasures*. New York: Norton, 2012.

Mantonakis, A., and B. Galiffi. "Does How Fluent a Winery Name Sounds Affect Taste Perception?" *Sixth AWBR International Conference Abstracts* (2011): 1–7.

Mantonakis, A., A. Wudarzewski, D. M. Bernstein, S. L. Clifasefi, and E. F. Loftus. "False Beliefs Can Shape Current Consumption." *Psychology* 4, no. 3 (2013): 302.

McCoy, Elin. *The Emperor of Wine: The Rise of Robert M. Parker, Jr., and the Reign of American Taste*. New York: Ecco, 2005.

McGovern, Patrick E. *Uncorking the Past: The Quest for Wine, Beer, and Other Alcoholic Beverages*. Berkeley: University of California Press, 2009.

Nagy, A. L., D. I .A. MacLeod, N. E Heyneman, and A. Eisner. "Four Cone Pigments in Women Heterozygous for Color Deficiency." *Journal of the Optical Society of America* 71 (1981): 719–722.

Peynaud, Émile. *The Taste of Wine: The Art and Science of Wine Appreciation*. San Francisco: Wine Appreciation Guild, 1997.

Piccolino, M., and N. J. Wade. "Galileo Galilei's Vision of the Senses." *Trends in Neuroscience* 31, no. 11 (2008): 585–590.

Plassmann, H., J. O'Doherty, B. Shiv, and A. Rangel. "Marketing Actions Can Modulate Neural Representations of Experienced Pleasantness." *Proceedings of the National Academy of Sciences of the United States of America* 105, no. 3 (2008): 1050–1054.

Shepherd, Gordon M. *Neurogastronomy: How the Brain Creates Flavor and Why It Matters*. New York: Columbia University Press, 2012.

Turin, Luca, and Fumiko Yoshii. "Structure-odor Relations: A Modern Perspective." In *Handbook of Olfaction and Gustation*, 275–294. Hoboken, N.J.: Wiley-Blackwell, 2003.

Yokoyama, S. "Molecular Evolution of Color Vision in Vertebrates." *Gene* 300, no. 1 (2002): 69–78.

CHAPTER 10. VOLUNTARY MADNESS

Jen Kirkman's performance can be found at the Funny or Die website (http://www.funnyordie.com/videos/d47e6a33a5/drunk-history-vol-5-w-will-ferrell-don-cheadle-zooey-deschanel). If the room is spinning and you need advice, the following archive website might be helpful: http://arstechnica.com/civis/viewtopic.php?f=23&t=306174. The biology of the liver on alcohol is discussed at length in Epstein, "Alcohol's Impact." The genetics of alcohol processing and alcoholism in humans are discussed in Lu and Cederbaum, "CYP2E1 and Oxidative Liver Injury"; Oota et al., "Evolution and Population Genetics of the ALDH2 Locus"; Mulligan et al., "Allelic Variation"; and Bierut et al., "Genome-wide Association Study of Alcohol Dependence." See also Francis Crick's wonderful treatise on neurobiology, *Astonishing Hypothesis*.

Bierut, L. J., A. Agrawal, K. K. Bucholz, K. F. Doheny, et al. "A Genome-wide Association Study of Alcohol Dependence." *Proceedings of the National Academy of Sciences of the United States Of America* 107, no. 11 (2010): 5082–5087.

Crick, Francis. *Astonishing Hypothesis: The Scientific Search for the Soul*. New York: Scribner's, 1995.

Epstein, M. "Alcohol's Impact on Kidney Function." *Alcohol Health Research World* 21 (1997): 84–92.

Hinrichs, A. L., J. C. Wang, B. Bufe, J. M. Kwon, et al. "Functional Variant in a Bitter-taste Receptor (hTAS2R16) Influences Risk of Alcohol Dependence." *American Journal of Human Genetics* 78, no. 1 (2006): 103–111.

Lu, Y., and A. I. Cederbaum. "CYP2E1 and Oxidative Liver Injury by Alcohol." *Free Radicals in Biology and Medicine* 44, no. 5 (2008): 723–738.

Mulligan, C., R. W. Robin, M. V. Osier, N Sambuughin, et al. "Allelic Variation at Alcohol Metabolism Genes (ADH1B, ADH1C, ALDH2) and Alcohol Dependence in an American Indian Population." *Human Genetics* 113, no. 4 (2003): 325–336.

Oota, H., A. J. Pakstis, B. Bonne-Tamir, D. Goldman, et al. "The Evolution and Population Genetics of the ALDH2 Locus: Random Genetic Drift, Selection, and Low Levels of Recombination." *Annals of Human Genetics* 68, no. 2 (2004): 93–109.

CHAPTER 11. BRAVE NEW WORLD

There is a large, expanding literature on the technology of winemaking (although much information on this subject is proprietary). Excellent though technical available works are Winkler et al., *General Viticulture;* Jackisch, *Modern Winemaking;* and Margalit, *Winery Technology,* while a very accessible work is Cox, *From Vines to Wines*. Peynaud's classic work (Spencer and Peynaud, *Knowing and Making Wine*) still remains a mandatory read, and an

American classic is Amerine's *Technology of Wine Making*. A valuable work that makes reference to many current techniques is Bird, *Understanding Wine Technology*, and an excellent and accessible overview is Goode, *Science of Wine*. Benjamin Wallace's instant classic on wine fakery, *The Billionaire's Vinegar*, is an engaging account of the kind of skullduggery that the transformation of wines into valuable collectibles has encouraged, and the perusal of almost any issue of *Wine Spectator* will yield yet more examples.

Amerine, Maynard A. *The Technology of Wine Making*. 4th ed. Westport, Conn.: Avi, 1980.

Bird, David. *Understanding Wine Technology: The Science of Wine Explained*. 3rd ed. San Francisco: Wine Appreciation Guild, 2011.

Cox, Jeff. *From Vines to Wines: The Complete Guide to Growing Grapes and Making Your Own Wine*. 5th ed. North Adams, Mass.: Storey, 2015.

Goode, Jamie. *The Science of Wine: From Vine to Glass*. 2nd ed. Berkeley: University of California Press, 2014.

Jackisch, Philip. *Modern Winemaking*. Ithaca: Cornell University Press, 1985.

Margalit, Yair. *Winery Technology and Operations: A Handbook for Small Wineries*. San Francisco: Wine Appreciation Guild, 1996.

Spencer, Alan F., and Émile Peynaud. *Knowing and Making Wine*. New York: Houghton Mifflin Harcourt, 1984.

Wallace, Benjamin. *The Billionaire's Vinegar: The Mystery of the World's Most Expensive Bottle of Wine*. New York: Crown, 2008.

Winkler, A. J., James A. Cook, W. M. Kliewer, and Lloyd A. Lider. *General Viticulture*. Rev. ed. Berkeley: University of California Press, 1974.

CHAPTER 12. FRANKEN-VINES AND CLIMATE CHANGE

The basics of the grape genome are explained by Jaillon et al., "Grapevine Genome Sequence." See Reustle and Büchholz, "Recent Trends," for an overview of GMO grapes. Mulwa et al., "Agrobacterium-mediated Transformation," discusses the case of the modified Chancellor grape. European attitudes to GMO organisms are discussed in Pardo, Midden, and Miller, "Attitudes Toward Biotechnology." The literature on wine and climate change is becoming larger daily. Gregory Jones and colleagues have written extensively on the potential impact in the United States (Jones, "Climate Change in the Western United States") and worldwide (Jones et al., "Climate Change and Global Wine Quality," from which the quotation comes); Webb, Whetton, and Barlow ("Modelled Impact") have sounded the alarm for Australia. Hayhoe et al. have bracketed alarming predicted effects on California in "Emissions Pathways," and White et al. make some pretty dire forecasts for premium wine production throughout the United States for the coming century in "Extreme Heat." Hannah et al., "Climate Change," warns of the need to modify viticultural practices in the face of climatic warming. Goode ("Fruity with a Hint of Drought") surveys the complexities of the situation in an accessible way.

Goode, J. "Fruity with a Hint of Drought." *Nature* 492 (2012): 351–353.

Hannah, L., P. R. Roehrdanz, M. Ikegami, A. V. Shepard, et al. "Climate Change, Wine, and Conservation." *Proceedings of the National Academy of Sciences of the United States of America* 110, no. 17 (2013): 6907–6912.

Hayhoe, K., D. Cayan, C. B. Field, P. C. Frumhoff, et al. "Emissions Pathways, Climate Change, and Impacts on California." *Proceedings of the National Academy of Sciences of the United States of America* 101 (2004): 12422–12427.

Huetz de Lamps, Alain. *Les Vins de l'impossible*. Grenoble: Glénat, 1990.

Jaillon, O., J.-M. Aury, B. Noel, A. Policriti, et al., for the French-Italian Public Consortium for Grapevine Genome Characterization. "The Grapevine Genome Sequence Suggests Ancestral Hexaploidization in Major Angiosperm Phyla." *Nature* 449, no. 7161 (2007): 463–467.

Jones, G. V. "Climate Change in the Western United States Grape Growing Regions." *Acta Horticultura* 689 (2005): 41–59.

Jones, G. V., M. A. White, O. R. Cooper, and K. Storchmann. "Climate Change and Global Wine Quality." *Climatic Change* 73 (2005): 319–343.

Mulwa, R. M. S., M. A. Norton, S. K. Farrand, and R. M. Skirvin. "Agrobacterium-mediated Transformation and Regeneration of Transgenic Chancellor's Wine Grape Plants Expressing the tfdA Gene." *Vitis-Geilweilerhof* 46, no. 3 (2007): 110.

Pardo, R., C. Midden, and J. D. Miller. "Attitudes Toward Biotechnology in the European Union." *Journal of Biotechnology* 98, no. 1 (2002): 9–24.

Reustle, G. M., and G. Büchholz. "Recent Trends in Grapevine Genetic Engineering." In *Grapevine Molecular Physiology and Biotechnology*, ed. Kalliopi A. Roubelakis-Angelakis, 495–508. Amsterdam: Springer Netherlands, 2009.

Silver, Lee M. *Remaking Eden*. New York: Avon, 1998.

Webb, L. B., P. H. Whetton, and E. W. R. Barlow. "Modelled Impact of Future Climate Change on the Phenology of Winegrapes in Australia." *Australian Journal of Grape and Wine Research* 13 (2007): 165–175.

White, M. A., N. S. Diffenbaugh, G. V. Jones, J. S. Pal, and F. Giorgi. "Extreme Heat Reduces and Shifts Unites States Premium Wine Production in the 21st Century." *Proceedings of the National Academy of Sciences of the United States of America* 103 (2006): 11217–11222.

图书在版编目（CIP）数据

葡萄酒的自然史 / (美) 伊恩·塔特索尔(Ian Tattersall)，(美)
罗布·德萨勒(Rob DeSalle) 著；乐艳娜译. — 重庆：重庆大学出
版社，2018.5 书名原文：A Natural History of Wine
　ISBN 978-7-5689-0770-5

　Ⅰ. ①葡… Ⅱ. ①伊… ②罗… ③乐… Ⅲ. ①葡萄酒－历史－
世界 Ⅳ. ①TS262.6－091

中国版本图书馆 CIP 数据核字 (2017) 第 245631 号

葡 萄 酒 的 自 然 史
PUTAOJIU DE ZIRANSHI

[美] 伊恩·塔特索尔 ／ 罗布·德萨勒　著
乐艳娜　译

责任编辑　王思楠
责任校对　邬小梅
装帧设计　范一鼎 @ [e] De SIGN
版式设计　范一鼎 / 罗　婷 @ [e] De SIGN
责任印制　张　策

重庆大学出版社出版发行
出 版 人　易树平
社　　址　(401331) 重庆市沙坪坝区大学城西路 21 号
网　　址　http://www.cqup.com.cn
印　　刷　深圳当纳利印刷有限公司
开　　本　635mm×965mm 1/16 印张：17.25 字数：225 千
版　　次　2018 年 5 月第 1 版 2018 年 5 月第 1 次印刷
I S B N　978-7-5689-0770-5
定　　价　128.00 元

版贸核渝字（2016）第 110 号